Michel Ndongo Ndjondjo

# Contribuição para o estudo sobre manutenção da segurança alimentar

Michel Ndongo Ndjondjo

# Contribuição para o estudo sobre manutenção da segurança alimentar

## Caso do novo Daipn Kinshasa

ScienciaScripts

**Imprint**
Any brand names and product names mentioned in this book are subject to trademark, brand or patent protection and are trademarks or registered trademarks of their respective holders. The use of brand names, product names, common names, trade names, product descriptions etc. even without a particular marking in this work is in no way to be construed to mean that such names may be regarded as unrestricted in respect of trademark and brand protection legislation and could thus be used by anyone.

Cover image: www.ingimage.com

This book is a translation from the original published under ISBN 978-620-6-72156-7.

Publisher:
Sciencia Scripts
is a trademark of
Dodo Books Indian Ocean Ltd. and OmniScriptum S.R.L publishing group

120 High Road, East Finchley, London, N2 9ED, United Kingdom
Str. Armeneasca 28/1, office 1, Chisinau MD-2012, Republic of Moldova, Europe
Printed at: see last page
**ISBN: 978-620-8-18675-3**

## IN MEMORIAM

*Às nossas queridas avós Cosma YANGO e Marie ASOMBA e ao nosso querido primo John NGONGA, que partiram cedo sem beneficiar dos frutos do seu apoio. Que o Senhor se lembre de todo o bem que nos fizeram na Terra.*

# EPIGRÁFICO

*Ensina-nos a contar os nossos dias, para que possamos aplicar os nossos corações à sabedoria.*

*Salmos 90:12*

## DEDICAÇÃO

*Aos nossos queridos pais, que nunca deixaram de investir na nossa educação e desenvolvimento intelectual.*

*Dedicamos este trabalho a si.*

## AGRADECIMENTOS

Gostaríamos de agradecer ao Professor que orientou este trabalho pela sua disponibilidade para a leitura e pelo seu encorajamento.

Gostaríamos também de agradecer a todos os assistentes e outras personalidades científicas pelo seu apoio durante a redação deste trabalho.

Gostaríamos também de aproveitar esta oportunidade para expressar a nossa gratidão a todos aqueles com quem discutimos a forma de melhorar este trabalho e pelo seu encorajamento na escolha deste tema.

A toda a nossa família, nunca esqueceremos todas as vossas gentilezas para com a nossa modesta personalidade. É por isso que queremos exprimir os nossos mais sinceros agradecimentos aos nossos pais, que nos acompanharam constantemente nos estudos, e aos nossos avós, tios e tias, primos e primas, irmãos e irmãs, pela sua gratidão ao longo deste segundo ciclo.

Por último, gostaríamos de agradecer a todos os colegas e amigos da turma e da universidade no seu conjunto, pela coragem que nos ensinaram a suportar as realidades académicas e pela troca de ideias que contribuiu para o domínio e a boa elaboração deste trabalho.

## Resumo

A RDC sofre há décadas de uma insegurança alimentar crescente, e existe o risco de esta se tornar um legado intergeracional se a nação congolesa fizer pouco para a combater através das suas políticas. No entanto, as Nações Unidas pretendem eliminar a fome no mundo até 2030, a fim de alcançar os objectivos de desenvolvimento sustentável estabelecidos em 2015.

Além disso, o país, com todo o seu território subexplorado, é capaz de desenvolver todas as estratégias agrícolas necessárias para satisfazer as necessidades alimentares do seu povo e de outros países que sofrem da mesma precariedade. É paradoxal que um país como este adopte a estratégia de importar alimentos em vez de produzir no seu próprio solo, que é tão invejado por outros países.

## Índice

# 0. INTRODUÇÃO GERAL

## 0.1. Problemas

A insegurança alimentar é o verdadeiro perigo que aflige atualmente a população mundial. Esta população, apesar das enormes dificuldades que enfrenta, continua a crescer, enquanto atualmente os recursos alimentares não estão proporcionalmente disponíveis em todos os países.

A população urbana mundial está a aumentar em um milhão de pessoas por semana, principalmente em resultado da migração rural-urbana (ALLEN, 1998). Em termos absolutos, o número total de pessoas subnutridas, ou em situação de carência alimentar crónica (a nível mundial), aumentou de cerca de 804 milhões em 2016 para quase 821 milhões em 2017 (FAO et *al.* 2018).

As estratégias colectivas para acabar com a fome no mundo existem e foram propostas por organizações internacionais que trabalham neste domínio, mas a avaliação destas estratégias depende também da política de cada país que assumiu este compromisso, porque a sua soberania é importante.

De facto, as questões de segurança alimentar preocupam a maioria dos líderes preocupados com o futuro dos seus Estados, e estes estão a iniciar planos que, nos próximos dias, ajudarão a estabilizar o equilíbrio para todos os habitantes, com vista a resolver o problema alimentar que está a perturbar o futuro das nações.

A RDC sofre há décadas de uma insegurança alimentar crescente, e existe o risco de esta se tornar um legado intergeracional se a nação congolesa fizer pouco para a combater através das suas políticas. No entanto, as Nações Unidas pretendem eliminar a fome no mundo até 2030, a fim de alcançar os objectivos de desenvolvimento sustentável estabelecidos em 2015.

Além disso, o país, com o seu vasto território subexplorado, é capaz de desenvolver todas as estratégias agrícolas necessárias para satisfazer as necessidades alimentares do seu povo e as de outros países que sofrem da mesma precariedade. É paradoxal que um país como a RDC adopte uma estratégia de importação de alimentos em vez de produzir no seu próprio solo, que é tão invejado por outros países.

Há já algum tempo que os investigadores e analistas estão conscientes de que, apesar das disposições estabelecidas pelas Nações Unidas com vista à erradicação total da fome no mundo, alguns países, em particular nos continentes africano e asiático, terão dificuldade em atingir este objetivo. Por outro lado, outros países têm feito esforços para atingir este objetivo de desenvolvimento sustentável (ODS2).

De acordo com a FAO (2010), a maioria das pessoas subnutridas vive em países em desenvolvimento. Dois terços delas estão concentradas em apenas sete países (Bangladesh, China, República Democrática do Congo, Etiópia, Índia, Indonésia e Paquistão) e mais de 40% delas vivem na China e na Índia.

A insegurança alimentar é um grave problema social e de saúde pública para as nossas cidades, as nossas províncias, os nossos territórios e, por conseguinte, para o país no seu conjunto, e quaisquer soluções para estes problemas devem envolver os detentores do poder, a fim de pôr termo a esta catástrofe, envolvendo simultaneamente toda a população no desenvolvimento da nação. A insegurança alimentar implica a privação de uma necessidade humana básica: o acesso a alimentos nutritivos em quantidades suficientes para se manter saudável.

O facto de a RDC ser um dos países com maior insegurança alimentar do mundo surpreende o resto do mundo, uma vez que dispõe de milhões de hectares de terras aráveis que poderiam resolver o problema alimentar, mas há muito que estão excluídas medidas eficazes para atenuar o problema, para além da importação contínua de alimentos.

No entanto, durante os anos 70 e 80, uma política de criação industrial de gado em grande escala (DAIPN) iniciada pelo governo permitiu a instalação de grandes complexos perto de Kinshasa e Lubumbashi.

Atualmente, estes grandes complexos caíram num estado de letargia e o Estado limita-se ao seu papel de controlo dos criadores e dos agricultores através dos seus serviços especializados. No entanto, face às necessidades cada vez maiores dos centros urbanos, assiste-se ao aparecimento progressivo de explorações pecuárias privadas, tanto de média como de pequena dimensão (HUART, 2004).

As necessidades das famílias nunca são cobertas pela produção local, daí a necessidade de importar produtos de carne para satisfazer a procura (MPUPU, 2012). Na sua estratégia atual, o novo DAIPN está a trabalhar para resolver os problemas alimentares do país, embora estes persistam. Esta persistência está cada vez mais ligada à falta de recursos seguros e sustentáveis que devem ser postos em prática para apoiar esta visão encorajadora para o bem da nação.

Por conseguinte, colocámo-nos as seguintes questões para melhor conduzir o nosso estudo:

- Qual é a política do governo congolês em matéria de alimentação?
- A população congolesa em geral e a população de Kinshasa em particular

  Ela está particularmente familiarizada com distúrbios alimentares?
- Qual é a qualidade dos alimentos consumidos pelos habitantes de Kinshasa?
- Quais são as verdadeiras causas e consequências da insegurança alimentar?
- Que estratégias tem a RDC em mente para combater a insegurança alimentar?

## 0.2. Pressupostos

No que diz respeito às questões colocadas sobre o objeto do nosso estudo, consideramos que :

- A RDC não dispõe de uma política séria de segurança alimentar. Atualmente, o sector agrícola está abandonado, sem planeamento, sem supervisão e, sobretudo, sem mercado.

- A anarquia agrícola observada no nosso país está na origem da subnutrição e da insegurança alimentar, cujas principais consequências são as importações de alimentos que colocam numerosos problemas de saúde à população e conduzem mesmo à morte da maioria dos congoleses.

- O Novo DAIPN tem uma produção muito baixa. Por conseguinte, não consegue alimentar toda a população de Kinshasa. A superfície cultivada pelo Novo DAIPN é insuficiente e os seus recursos financeiros, materiais e técnicos são medíocres e limitados.

## 0.3. Objectivos do trabalho

### 0.3.1. Objetivo geral

O nosso trabalho centra-se no desenvolvimento sustentável através de estratégias locais para combater a insegurança alimentar.

### 0.3.2. Objectivos específicos

Os nossos objectivos específicos são

- Produtividade do novo DAIPN ;
- Identificar as culturas emblemáticas do novo DAIPN ;
- Identificar os vendedores e os consumidores dos novos produtos DAIPN
- Propor estratégias sustentáveis para melhorar as necessidades alimentares.

## 0.4. Escolha e interesse do sujeito

Este tópico foi escolhido para destacar as estratégias locais de segurança alimentar.

O interesse deste trabalho é popularizar o Novo DAIPN como um caso de estudo.

## 0.5. Delimitação do trabalho

Uma vez que a segurança alimentar é uma questão tão vasta e complexa, ao longo deste trabalho limitámo-nos ao que o Novo DAIPN produz para satisfazer as necessidades alimentares do povo congolês em geral e da população de Kinshasa em particular.

Em termos de calendário, o nosso estudo será realizado de novembro de 2019 a fevereiro de 2020.

Espacialmente, os nossos inquéritos e pesquisas incidiram sobre a comuna de N'SELE, mais concretamente sobre o sítio Nouveau DAIPN.

## 0.6. Subdivisão do trabalho

Para além da introdução geral e da conclusão, o presente estudo divide-se em três capítulos:

- A primeira trata dos aspectos gerais da segurança dos alimentos;
- A segunda é dedicada ao ambiente de estudo, aos materiais e aos métodos;
- A terceira e última secção apresenta os resultados e a discussão.

# CAPÍTULO 1: INFORMAÇÕES GERAIS SOBRE A SEGURANÇA DOS GÉNEROS ALIMENTÍCIOS

## 1.1. BREVE PANORÂMICA DA SITUAÇÃO ALIMENTAR NA RDC

### 1.1.1. SITUAÇÃO ALIMENTAR

Há décadas que a RDC figura na lista dos países onde a insegurança alimentar é galopante, de acordo com as classificações elaboradas pelas organizações internacionais que se ocuparam deste problema. Consequentemente, foram elaborados planos e estratégias para ajudar a população a ultrapassar o obstáculo da insegurança alimentar, mas, infelizmente, esta resposta à necessidade não é tão sustentável, dada a recorrência do flagelo e a vulnerabilidade causada pela insegurança alimentar.

Na República Democrática do Congo (RDC), a agricultura é o sector mais importante em termos de ocupação e constitui a base mais promissora para alcançar a segurança alimentar, bem como o desenvolvimento económico geral (BUGEME e ULIMWENGU, 2019).

O território da República Democrática do Congo representa 227 milhões de hectares, ou seja, 97% do território nacional. Existem seis tipos principais de solos: andossolos (0,5% do total de solos), vertissolos (1%), solos hidromórficos (5%), nitossolos (ferrossolos) (14%), ferrossolos (53,5%) e arenoferrosos (26%). Os solos verdadeiramente férteis (andossolos) cobrem uma área limitada. No entanto, 80 milhões de hectares são considerados relativamente aptos para a agricultura, dos quais apenas 10 milhões são dedicados a culturas e pastagens (MALELE, 2003).

Apesar do enorme potencial agrícola do país, a maioria da população da RDC continua largamente exposta à insegurança alimentar, à subnutrição e à fome. A RDC é um dos poucos países africanos com um enorme potencial para o desenvolvimento de uma agricultura sustentável (em milhões de hectares de terra arável potencial), uma diversidade de climas, uma importante rede hidrográfica, um enorme potencial de pesca e um potencial significativo para a criação de gado. No entanto, a RDC está classificada como um país com défice alimentar de baixo rendimento (LIFDC). Em termos de Índice de Desenvolvimento Humano, o PNUD classificou o país em 187º lugar entre 187 países listados em 2011 (PAM, 2014).

No entanto, a maioria das estratégias de segurança alimentar adoptadas na RDC continuam a visar a resolução de problemas a curto prazo, embora os planos e estratégias de resposta devam abranger tanto o curto como o longo prazo, assegurando simultaneamente a sustentabilidade alimentar. É aqui que é importante recordar que qualquer estratégia adoptada deve sempre considerar os aspectos futuros, tendo em conta os impactos futuros prováveis, a fim de tornar a população afetada pelo flagelo menos vulnerável no futuro.

Note-se que, de um modo geral, e na política atual que visa reduzir e eliminar a fome, dispor de trunfos não garante, por si só, o sucesso, pois esses trunfos terão de ser transformados para se obter um sucesso normal. Por isso, é essencial lembrar que um plano para garantir a segurança alimentar num determinado ambiente não pode dissociar a contribuição da revolução tecnológica para finalmente produzir em qualidade e quantidade suficientes, e também em excedentes.

### I.1.2. CATEGORIZAÇÃO

A política da República Democrática do Congo sempre visou a eliminação total da fome em todo o país, a fim de garantir o bem-estar e/ou a segurança alimentar de toda a sua população, que há décadas anseia por esse objetivo. Consequentemente, apesar de dispor de todos os recursos necessários para resolver os seus problemas, a RDC continua a sofrer crises económicas e sempre foi um dos países subdesenvolvidos do mundo, com grandes emergências humanitárias.

No entanto, não é paradoxal que um país com milhões de hectares de potencial de terra arável e vários trunfos para o desenvolvimento esteja a sofrer de insegurança alimentar há várias décadas e, segundo a FAO, seja um dos sete países onde vive a maioria das pessoas subnutridas do mundo: Os sete países são: Bangladesh, China, **República Democrática do Congo**, Etiópia, Índia, Indonésia e Paquistão, porque as suas políticas se concentram em respostas de curto prazo, tendo em conta a sua economia atual, e também porque não tem uma gestão sustentável do sector alimentar, que deve considerar soluções de longo prazo.

Numa publicação de 2010, a FAO assinalou igualmente que, na República Democrática do Congo, as avaliações efectuadas pelas agências de ajuda e desenvolvimento se centram demasiadas vezes na identificação das necessidades imediatas e que as capacidades e as possibilidades de intervenção das organizações locais no planeamento e na execução dos programas são frequentemente ignoradas.

A situação de crise alimentar na RDC tem vindo a evoluir mas a estagnar há décadas. Embora muitos afirmem que a situação humanitária na RDC tem 20 anos, os factores determinantes e as consequências da crise humanitária estão presentes no país desde a sua independência em 1960 (MUTEBA e NKULU, 2019).

### 1.1.3. CAUSAS

A insegurança alimentar tem várias causas, mas neste trabalho descrevemos a atual situação alimentar do país em termos de três causas principais:

#### 1.1.3.1. Causa política

Como principal ator do desenvolvimento, o Estado desempenha um papel importante como autoridade pública no desenvolvimento, embora partilhe a responsabilidade nesta área com outros actores, como as empresas e as empresas privadas ( MUKOKA, 2014).

A política orienta o interesse da nação na escolha do sector previsto, apresentando todas as vantagens e todas as oportunidades necessárias nos próximos tempos para o bem-estar da população. É importante notar que tudo o que tem de ser realizado tem de ser baseado numa decisão política que garanta o sucesso de todos os objectivos planeados, bem como a promoção e apropriação da atividade em causa pela população-alvo.

É com isto em mente que a decisão política é descrita como a força motriz por detrás de qualquer decisão que os dirigentes do nosso querido e belo país devam tomar para resolver os problemas actuais e futuros relacionados com a alimentação.

#### 1.1.3.2. Causa económica e outros movimentos

A economia de um país reflecte indiretamente as condições de vida e sociais de toda a sua população; enquanto o país atravessa repetidamente crises económicas graves, os projectos de desenvolvimento ambiciosos são cada vez mais desencorajados e negligenciados, exigindo custos de arranque enormes e todo o acompanhamento necessário até se tornarem rentáveis, enquanto a situação do país exige respostas imediatas.

Nas zonas do país onde reina a insegurança, a situação é tal que nenhum projeto agrícola pode ser encarado para resolver um problema alimentar, uma vez que a incerteza se instala e as culturas maduras correm o risco de serem saqueadas ou destruídas pela população local, que vive em condições alimentares difíceis e não dispõe de meios financeiros próprios, ou por adversários.

#### I.1.2.3. Causa devida à investigação

A investigação é a primeira regra de ouro para a resolução de qualquer problema no mundo atual, pois consiste em identificar, analisar e propor possíveis soluções para que os decisores possam apoiar a resolução dos problemas que se colocam. Assim, é preciso lembrar que a investigação influencia a política no sentido de adotar aquilo que os investigadores descobrem que contribuirá para o bem-estar da população.

Um determinado problema raramente se deve a uma única fonte ou causa: é por isso que temos de analisar as suas ramificações e causas de natureza social, económica ou mesmo política; porque um problema tem de ser analisado no seu contexto global e a diferentes níveis (macro, micro, intermédio).

Nesta categoria de causas, é de salientar que a falta de orientação actualizada dos investigadores sobre a política alimentar e a produção agrícola não contribui para o desenvolvimento do país nem para a sua melhoria em termos de segurança alimentar ou de eliminação da fome.

No entanto, embora sejam indubitavelmente necessárias políticas económicas sólidas para alcançar a segurança alimentar, estas não são fáceis de aplicar na ausência de um verdadeiro consenso político. Em última análise, a responsabilidade final pela segurança alimentar cabe aos governos, em conjunto com as autoridades locais e em colaboração com os grupos e indivíduos que constituem a sociedade (FAO, 1996).

### I.1.3. CONSEQUÊNCIAS

Os problemas alimentares continuam a ser verdadeiros catalisadores de alguns outros, em particular das várias doenças que podem ser encontradas diariamente nas zonas mais afectadas por problemas alimentares. Se não forem tomadas as medidas adequadas para melhorar as condições alimentares numa altura em que estas estão ameaçadas, as pessoas mais afectadas estão prontas a desenvolver uma nova fase da sua saúde até chegarem à subnutrição.

Alguns estudos demonstraram que a fome deixa uma marca indelével na saúde física e mental, nomeadamente nas crianças, que se pode manifestar sob a forma de depressão e de asma na adolescência e no início da idade adulta. Os problemas causados por uma má alimentação têm um impacto direto em todos os outros aspectos da vida, incluindo os domínios social, ambiental e económico.

Como salientou RIVERA (1991), a alimentação, a saúde e a estabilidade socioeconómica de uma população dependem da alimentação e, por conseguinte, de uma política de produção agrícola alimentar do ponto de vista nutricional, ou melhor, de uma política de segurança alimentar.

É neste momento que temos de compreender que é provavelmente fácil ver que em zonas (como a RDC) onde não existe uma política agrícola (ou uma política de segurança alimentar), uma elevada proporção de pessoas vive na pobreza e sofre de problemas relacionados com a alimentação, como a insegurança alimentar, a subnutrição e a fome.

## I.2. INSEGURANÇA ALIMENTAR

### I.2.1. DEFINIÇÃO E CARACTERÍSTICAS

A insegurança alimentar existe quando todos os seres humanos não têm, em qualquer momento, acesso físico e económico a alimentos suficientes, seguros e nutritivos para levar uma vida saudável e ativa (FAO, 1996).

É mais visível quando as pessoas estão subnutridas devido à falta física de disponibilidade de alimentos, ou à falta de acesso aos alimentos por razões económicas ou sociais e/ou à utilização inadequada dos alimentos.

Resulta de períodos prolongados de pobreza, da falta de activos e de um acesso inadequado a recursos produtivos ou financeiros, mas pode ser ultrapassada através de medidas típicas de desenvolvimento a longo prazo, que também são utilizadas para resolver problemas de pobreza, como a educação ou o acesso a recursos produtivos.

A insegurança alimentar não só pode causar danos duradouros às gerações futuras e ao ambiente, como também pode prejudicar a saúde física de um indivíduo através da malnutrição. É importante estar ciente de que a insegurança alimentar pode levar a esta condição grave e potencialmente fatal a longo prazo. Dito isto, a malnutrição nem sempre é causada pela insegurança alimentar. Pode resultar de uma grande variedade de outras causas, incluindo doenças, um ambiente insalubre, beber água não segura e muitas outras.

### I.2.2. TIPOLOGIA

Existem dois tipos de insegurança alimentar:

- A insegurança alimentar crónica e ;
- Insegurança alimentar transitória.

#### *1.2.2.1. Insegurança alimentar crónica (ICA)*

De acordo com a Cimeira Mundial da Alimentação da FAO, realizada em Roma em 1996, a insegurança alimentar crónica implica uma deficiência permanente na dieta devido à incapacidade a longo prazo de obter alimentos.

Diz-se que a insegurança alimentar é crónica quando as medidas tomadas para combater a insegurança alimentar numa determinada área não são tão eficazes para acabar com o problema, e a insegurança persiste. É, portanto, causada pela ineficácia das medidas estabelecidas para aliviar o problema.

#### *1.2.2.2. Insegurança alimentar transitória (IFT)*

A Cimeira Mundial da Alimentação refere que este tipo de fome ilustra a incapacidade temporária de um agregado familiar ter acesso a alimentos, devido a barreiras relacionadas com os preços dos alimentos, a produção de alimentos ou o rendimento do agregado familiar.

Este tipo de insegurança ocorre quando não existem estratégias eficazes para manter a segurança alimentar a longo prazo durante um determinado período de tempo. A insegurança alimentar transitória só pode ser observada após choques climáticos ou outros movimentos num ambiente onde a segurança alimentar já existe.

### I.2.3. VULNERABILIDADE

A vulnerabilidade refere-se a um grupo de pessoas que são capazes de manter um nível aceitável de segurança alimentar no presente, mas que podem estar em risco de insegurança alimentar no futuro.

De acordo com a Federação Internacional das Sociedades da Cruz Vermelha e do Crescente Vermelho (2005), a vulnerabilidade mede o grau de risco a que os membros de uma família ou comunidade estão expostos quando confrontados com situações que ameaçam as suas vidas e meios de subsistência.

A vulnerabilidade de um agregado familiar é determinada pela sua capacidade de ultrapassar problemas e dificuldades como a seca, as inundações, as políticas governamentais desfavoráveis, os conflitos ou o VIH/SIDA. A gravidade, o momento e a duração da crise são factores importantes.

A Comissária sublinhou que a vulnerabilidade não é sinónimo de pobreza, embora a pobreza seja frequentemente um fator agravante da vulnerabilidade às crises. Por outras palavras, as crises têm consequências mais graves quando ocorrem num contexto caracterizado por uma pobreza estrutural generalizada.

O ACF-IN (2008) afirma que, de um modo geral, o nível de vulnerabilidade de um agregado familiar e/ou de um indivíduo é determinado pelo risco de fracasso das estratégias de sobrevivência. As necessidades básicas não são cobertas porque os recursos (capital, reservas alimentares) e as estratégias ou mecanismos de que o agregado familiar dispõe para fazer face a uma situação ou crise são inadequados.

A vulnerabilidade alimentar refere-se, portanto, mais especificamente a todos os factores que colocam as pessoas em risco de insegurança alimentar. O grau de vulnerabilidade de um indivíduo, agregado familiar ou grupo de pessoas é determinado pela sua exposição a factores de risco e pela sua capacidade de enfrentar e sobreviver a situações de crise (FAO, 1996).

## I.3. SEGURANÇA ALIMENTAR

### *I.3.1.* DEFINIÇÃO

A definição mais difundida e oficial de segurança alimentar é a proposta pela Organização das Nações Unidas para a Alimentação e a Agricultura (FAO) na Cimeira Mundial da Alimentação realizada em Roma em 1996.

A segurança alimentar existe "quando todas as pessoas, em qualquer momento, têm acesso físico e económico a alimentos suficientes, seguros e nutritivos para levar uma vida ativa e saudável".

### *I.3.2. CARACTERÍSTICAS*

A segurança alimentar é caracterizada pelas quatro dimensões seguintes: Disponibilidade, Acessibilidade, Utilização e Estabilidade.

#### ***1.3.2.1. Disponibilidade de alimentos***

A disponibilidade de alimentos a nível nacional, regional e/ou local significa que os alimentos estão fisicamente disponíveis porque foram produzidos, transformados, importados ou transportados. Por exemplo, os alimentos estão disponíveis porque podem ser encontrados nos mercados, porque são produzidos em quintas ou hortas ou porque provêm da ajuda alimentar. Trata-se de alimentos visíveis no ambiente e correspondem à disponibilidade de alimentos comunicada no "lado da oferta" da segurança alimentar, que é determinada pelo nível de produção alimentar, pelos níveis de aprovisionamento e pelo comércio líquido.

A disponibilidade de alimentos é representada pela oferta de alimentos, que depende, entre outras coisas, dos preços relativos dos factores de produção e da produção, bem como das tecnologias utilizadas para a produção (FAO, 1996).

### *1.3.2.2. Acesso a alimentos*

A acessibilidade alimentar é a forma como as pessoas podem obter os alimentos disponíveis. Isto implica a ideia de que um bom abastecimento alimentar a nível nacional ou internacional não garante, por si só, a segurança alimentar das famílias.

Normalmente, os alimentos são acessíveis através de uma combinação de produção doméstica, existências, compras, trocas diretas, ofertas, empréstimos ou ajuda alimentar. A acessibilidade dos alimentos é garantida quando as comunidades e os agregados familiares, incluindo todos os indivíduos que os compõem, dispõem de recursos adequados (dinheiro, por exemplo) para obterem os alimentos de que necessitam para uma dieta equilibrada. Depende do rendimento do agregado familiar, da distribuição desse rendimento no seio da família e do preço dos alimentos. Depende também dos direitos e prerrogativas sociais, institucionais e comerciais dos indivíduos, em especial da distribuição pública dos recursos e dos sistemas de proteção social e de previdência.

O acesso aos alimentos é influenciado pela procura, que é uma função de diversas variáveis: o preço do género alimentício procurado, o preço dos produtos complementares e substitutos, o rendimento, as variáveis demográficas e os gostos e preferências (FAO, 1996).

### *I.3.2.3. Utilização de alimentos*

A utilização dos alimentos é a forma como as pessoas os utilizam e depende da qualidade dos alimentos, do seu armazenamento e preparação, dos princípios nutricionais básicos e do estado de saúde dos indivíduos que os consomem. A utilização diz respeito à forma como o organismo optimiza os vários nutrientes presentes nos alimentos. Boas práticas de cuidados e alimentação, preparação dos alimentos, diversidade alimentar e distribuição dos alimentos no agregado familiar resultam num fornecimento adequado de energia e nutrientes. Isto, juntamente com uma boa utilização biológica dos alimentos consumidos, determina o estado nutricional dos indivíduos. A utilização realça a importância dos factores de produção não alimentares na segurança alimentar, incluindo o saneamento, os cuidados de saúde e o consumo de água potável, para alcançar um estado de bem-estar nutricional em que todas as necessidades fisiológicas são satisfeitas.

Algumas doenças não permitem uma absorção óptima dos alimentos, e as doenças em crescimento requerem um maior consumo de certos alimentos.

A utilização de alimentos é frequentemente reduzida por doenças endémicas, más condições de higiene, falta de conhecimento dos princípios nutricionais básicos ou, ainda, por tradições que restringem o acesso a certos alimentos com base na idade ou no sexo. A variação da procura total de serviços de mercado depende principalmente do rendimento do consumidor: quanto maior for o rendimento disponível, mais o consumidor pode pagar os serviços de mercado (GOOSSENS, 1997).

#### *I.3.2.4. Estabilidade alimentar*

Para ter segurança alimentar, cada indivíduo deve ter acesso a uma alimentação adequada em qualquer altura, sem o risco de perder o acesso aos alimentos devido a choques súbitos (crises climáticas) ou a acontecimentos sazonais. Este aspeto refere-se à disponibilidade, acessibilidade e utilização. Mas o recurso à ajuda alimentar externa é uma opção fácil para muitos governos, que a vêem como uma forma simples de alimentar as populações urbanas sem terem de investir no aumento da produção alimentar nacional (Marc, 2004).

### I.3.3. AVALIAÇÃO DA SEGURANÇA DOS ALIMENTOS

De acordo com o ACF-IN (2008), uma avaliação da segurança alimentar é uma representação de uma determinada situação num determinado momento.

Por conseguinte, é necessário situar a situação atual no tempo, para a datar, a fim de obter uma melhor compreensão dos riscos e dos níveis de vulnerabilidade.

A primeira etapa desta avaliação consiste em compreender o funcionamento da comunidade e as caraterísticas dos diferentes tipos de agregados familiares. É necessário examinar factores como a economia geral do agregado familiar, os sistemas agrícolas, os sistemas de saúde, os sistemas de troca, os sistemas de apoio mútuo, a economia alimentar do agregado familiar, as ligações intrafamiliares e os mecanismos de resposta a acontecimentos específicos. Em seguida, o capital de que dispõem as famílias e os seus membros, as suas actividades respectivas e o impacto direto da crise no agregado familiar são os factores estudados para determinar os meios (capacidades) de que a família dispõe para reduzir os efeitos adversos dos acontecimentos.

### I.3.4. ASPECTOS SOCIO-AMBIENTAIS DA SEGURANÇA ALIMENTAR

Todas as acções ligadas à vida humana estão, de uma forma ou de outra, intimamente ligadas à alimentação, que é reconhecida como o fornecedor de energia (a força capaz de realizar trabalho). É por isso que é tão importante concentrar-se nesta área, para que possa ser melhorada e para que o desenvolvimento socioeconómico e o bem-estar da nação possam ser melhorados para alcançar um desenvolvimento sustentável.

O problema da fome é uma questão recorrente em países onde o ritmo de crescimento económico e o aumento da produção alimentar permanece muito abaixo do aumento do número de bocas a alimentar (Marc, 2004). A segurança alimentar continua a ser um dos meios através dos quais uma nação como a RDC pode dar o primeiro passo para o seu desenvolvimento, melhorando as condições de vida da sua população e envolvendo todos os seus cidadãos na concretização deste processo.

No seu discurso na Cimeira Mundial da Alimentação de 1996, Jacques

Diouf, Presidente da FAO, afirmou: "Só uma sociedade cujo pão de cada dia está assegurado pode trabalhar eficazmente para o desenvolvimento, bem como para a justiça, a paz, a educação e outros direitos fundamentais" (FAO, 1996).

A luta contra as alterações climáticas é um compromisso global, uma vez que a qualidade do ambiente é importante para todos e os efeitos nocivos não poupam ninguém, nenhuma atividade e nenhuma prática agrícola.

Nenhuma sociedade no mundo de hoje pode ser bem sucedida no combate às alterações climáticas se o problema alimentar da sua população ainda não tiver sido resolvido, porque esta população estará preparada para afetar e explorar irracionalmente as florestas e outros recursos, embora os líderes mundiais se tenham comprometido a proteger e conservar as florestas de forma sustentável, a fim de fazer face aos efeitos das alterações climáticas e prevenir o risco. Por último, é de salientar que a segurança alimentar não se limita a resolver os problemas relacionados com a alimentação, mas oferece também uma série de benefícios noutros domínios da vida que interagem com ela.

#### *1.3.4.1. Social*

Todas as actividades ligadas à manutenção da segurança alimentar têm como objetivo principal a melhoria das condições de vida da população em causa. A segurança alimentar é a melhor forma de combater a pobreza e o desemprego que afectam as populações do país.

Todas as actividades envolvidas nesta atividade criam várias oportunidades para a utilização de recursos humanos para as levar a cabo no mais curto espaço de tempo possível. Considerando a seriedade das actividades a realizar para alimentar um grande número de pessoas nas zonas urbanas, ou no país em geral, a mão de obra não é negligenciável e é isso que contribuirá para a redução da pobreza.

#### *1.3.4.2. Ecologia*

Apesar dos impactos negativos que algumas actividades podem ter, é essencial notar que a maioria das actividades relacionadas com a segurança alimentar são benéficas para o ambiente.

Contribui para a conservação da biodiversidade, a luta contra a poluição atmosférica e as ilhas de calor. A conservação da biodiversidade é um elemento importante, pois constitui a base da segurança alimentar. A perda de biodiversidade pode perturbar o ecossistema e tornar instável a produção dos serviços necessários (CAAAQ, 2007). A principal causa das ilhas de calor nas cidades é a redução do coberto vegetal associada à densificação e ao desenvolvimento urbano. Consequentemente, as temperaturas no verão são mais quentes e mais húmidas. Estas ilhas de calor têm impactos nefastos, como a deterioração da qualidade do ar no interior e no exterior dos edifícios, o aumento da procura de energia para a climatização e de água potável para a refrigeração e o agravamento dos problemas de saúde humana (INSPQ, 2009), citado por GAUDREAULT (2011).

#### *I.3.4.3. A economia*

O envolvimento de um grande número de pessoas numa atividade como o emprego é tão benéfico para o desenvolvimento das comunidades em causa porque todos contribuem com aquilo de que necessitam. Este ganho não é necessariamente um ganho económico direto. No entanto, favorece a integração dos indivíduos no mercado de trabalho e a participação na economia global (GAUDREAULT, 2011).

## I.4. CONCEITO DE DESENVOLVIMENTO SUSTENTÁVEL

### I.4.1. DEFINIÇÃO E ORIGENS DO TERMO

O desenvolvimento sustentável é o desenvolvimento que satisfaz as necessidades do presente sem comprometer a capacidade das gerações futuras de satisfazerem as suas próprias necessidades (WCED, 1987).

Esta continua a ser a definição mais difundida e oficial de desenvolvimento sustentável desde a publicação do relatório da Comissão Mundial para o Ambiente e o Desenvolvimento (WCED), intitulado "O Nosso Futuro Comum" (também conhecido como Relatório Brundtland), em 1987.

Em 1984, a Assembleia Geral das Nações Unidas mandatou uma comissão de peritos, conhecida como Comissão Mundial sobre Ambiente e Desenvolvimento (CMAD), para propor orientações para um projeto de desenvolvimento global capaz de proteger o ambiente e cumprir as outras missões incluídas no objetivo de desenvolvimento.

Presidido por Gro Harlem Brundtland, o WCED reúne cerca de vinte académicos e políticos de diferentes nacionalidades. O seu vice-presidente é Mansour Khalid, antigo ministro dos Negócios Estrangeiros do Sudão, e o seu secretário-geral é Jim McNeill, antigo diretor do ambiente da OCDE. Maurice Strong, canadiano como McNeill, antigo secretário da Conferência de Estocolmo (1972) e que será igualmente secretário da Conferência do Rio (1992), é igualmente membro do WCED.

Foi neste relatório que a expressão *"desenvolvimento sustentável"* apareceu pela primeira vez, mas foi traduzida no Quebeque em 1988 como *développement soutenable,* e alguns anos mais tarde manteve-se como é atualmente, ou seja, *développement durable* em francês.

### I.4.2. CONCEITO ACTUAL E BENEFÍCIOS

O desenvolvimento sustentável pressupõe que todas as necessidades essenciais dos seres humanos sejam satisfeitas por todos, em todo o lado, de forma duradoura. Trata-se, portanto, de um meio através do qual as pessoas podem encontrar soluções para os seus problemas actuais (e a longo prazo) (como a fome, a habitação, a educação, o emprego, etc.) e, ao mesmo tempo, olhar para os problemas futuros.

O desenvolvimento sustentável significa também desenvolver atitudes, comportamentos, utilizações e práticas que tenham em conta a necessidade de preservar os recursos e o equilíbrio e de preparar a vida das gerações futuras.

O principal objetivo do desenvolvimento é a satisfação das necessidades e aspirações humanas. Atualmente, muitas pessoas nos países em desenvolvimento não têm satisfeitas as suas necessidades básicas: alimentação, habitação, vestuário e trabalho. Além disso, para além destas necessidades essenciais, estas pessoas têm uma aspiração legítima de melhorar a sua qualidade de vida. Um mundo onde a pobreza e a injustiça são endémicas estará sempre sujeito a crises ecológicas e outras. O desenvolvimento sustentável significa que as necessidades básicas de todos são satisfeitas, incluindo as suas aspirações a uma vida melhor (WCED, 1987).

O desenvolvimento sustentável é atualmente um conceito utilizado em muitas línguas em todo o mundo, nos meios de comunicação social e até na política. Este facto evidencia o seu grande interesse e importância em todas as classes e estratos sociais do mundo (NDONGO, 2017).

Segundo a WCED, para satisfazer as necessidades básicas, é necessário não só assegurar o crescimento económico nos países onde a maioria das pessoas vive na pobreza, mas também garantir que as pessoas mais pobres possam beneficiar da sua parte justa dos recursos que permitem esse crescimento. A existência de sistemas políticos que garantam a participação popular na tomada de decisões e uma democracia mais efectiva na tomada de decisões a nível internacional permitiria o surgimento desta justiça.

Para alcançar um desenvolvimento sustentável a nível mundial (de acordo com o relatório WCED), os ricos devem adotar um estilo de vida que respeite os limites ecológicos do planeta. Isto aplica-se, por exemplo, ao consumo de energia. Além disso, um crescimento demográfico excessivo pode aumentar a pressão sobre os recursos e abrandar a melhoria do nível de vida; por conseguinte, o desenvolvimento sustentável só é possível se a demografia e o crescimento evoluírem em harmonia com o potencial produtivo do ecossistema.

No entanto, o desenvolvimento sustentável assenta nos três pilares seguintes, que passamos a explicar em pormenor: ambiental, social e económico.

#### *1.4.2.1. A dimensão ambiental*

Preservar, melhorar e valorizar o ambiente e os recursos naturais a longo prazo, mantendo os grandes equilíbrios ecológicos, reduzindo os riscos e prevenindo os impactos ambientais. O desenvolvimento sustentável baseia-se na ideia fundamental de consciencializar os seres humanos de que os recursos da natureza não são inesgotáveis e de que a população continuará a crescer. Ao respeitar o ambiente, a poluição é reduzida e o planeta é preservado.

#### *1.4.2.2. A dimensão social*

Na sua dimensão social, o desenvolvimento sustentável visa satisfazer as necessidades humanas e cumprir o objetivo da equidade social, incentivando a participação de todos os grupos sociais em questões de saúde, habitação, consumo, educação, emprego, cultura, etc.

Através da dimensão social, muitos problemas sociais são resolvidos, nomeadamente o desemprego, o respeito pelos seres humanos e a preservação dos seus direitos; é também a capacidade da nossa sociedade para assegurar o bem-estar de todos os cidadãos. Este bem-estar é a capacidade de cada indivíduo satisfazer as suas necessidades essenciais: alimentação, segurança, saúde, habitação, educação, igualdade de acesso ao trabalho, direitos humanos, cultura e património, etc.

#### *I.4.2.3. A dimensão económica*

Desenvolver o crescimento económico e a eficiência através de padrões de produção e consumo sustentáveis, ou seja, incentivar a gestão óptima dos recursos humanos, naturais e financeiros para satisfazer as necessidades das comunidades humanas. Os desafios de uma economia sustentável estão frequentemente ligados aos outros dois pilares do desenvolvimento sustentável.

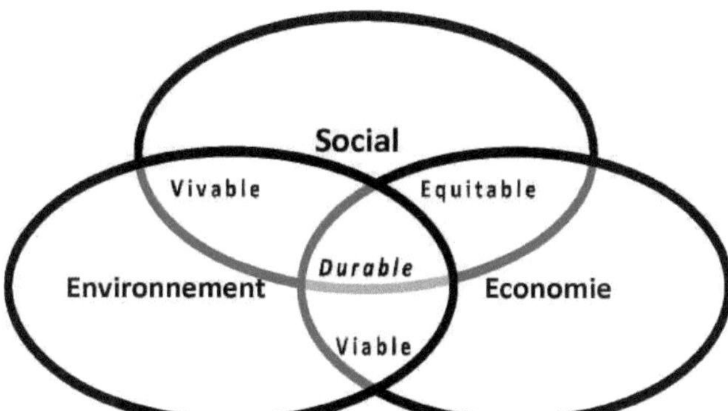


*Figura 1: **Diagrama** do desenvolvimento sustentável*

### I.4.3. OBJECTIVOS DE DESENVOLVIMENTO SUSTENTÁVEL

De acordo com a UNICEF, os Objectivos de Desenvolvimento Sustentável (ODS) baseiam-se nos Objectivos de Desenvolvimento do Milénio (ODM), 8 objectivos de luta contra a pobreza, lançados em 2000, e que o mundo se comprometeu a atingir até 2015.

Os oito Objectivos de Desenvolvimento do Milénio são os seguintes

Objetivo 1: Erradicar a pobreza extrema e a fome

Objetivo 2: Alcançar o ensino primário universal

Objetivo 3: Promover a igualdade entre os sexos e a autonomia das mulheres

Objetivo 4: Reduzir a mortalidade infantil

Objetivo 5: Melhorar a saúde materna

Objetivo 6: Combater o VIH/SIDA, a malária e outras doenças

Objetivo 7: Assegurar um ambiente sustentável

Objetivo 8: Desenvolver uma parceria global para o desenvolvimento

Foram feitos enormes progressos para alcançar estes objectivos. No entanto, apesar destes esforços, a pobreza continua a afetar demasiadas pessoas no mundo.

Esta agenda de desenvolvimento pós-2015 (ODS) é muito mais ambiciosa e pormenorizada do que a anterior (ODM). Os 17 objectivos a atingir em 15 anos (até 2030) são :

1. ***Erradicar a pobreza*** em todas as suas formas, em todo o mundo.
2. ***Luta contra a fome***: eliminar a fome e a carestia, garantir a segurança alimentar, melhorar a nutrição e promover uma agricultura sustentável.
3. ***Acesso à saúde***: dar às pessoas os meios para levarem uma vida saudável e ajudar a garantir o bem-estar de todos, em todas as idades.
4. ***Acesso a uma educação de qualidade***: garantir que todos tenham acesso à educação e promover oportunidades equitativas de aprendizagem de qualidade ao longo da vida.
5. ***Igualdade de género***: alcançar a igualdade de género através da capacitação das mulheres e das raparigas.
6. ***Acesso à água potável e ao saneamento***: garantir o acesso à água e ao saneamento para todos e gerir os recursos hídricos de forma sustentável.
7. ***Utilização de energias renováveis***: garantir o acesso de todos a serviços

energéticos fiáveis, sustentáveis e renováveis a um custo acessível.

8. ***Acesso a empregos dignos***: promover o crescimento económico sustentado, partilhado e sustentável, o emprego pleno e produtivo e o trabalho digno para todos.

9. ***Inovação e infra-estruturas***: apoiar as pequenas empresas para que possam crescer, encorajar o desenvolvimento de empresas que respeitem o ambiente e fabriquem produtos saudáveis (que não prejudiquem o nosso planeta ou as pessoas) e permitir o acesso de todos às novas tecnologias.

10. ***Reduzir as*** desigualdades: reduzir as desigualdades entre países e no interior dos mesmos.

11. ***Cidades e comunidades sustentáveis***: criar cidades, habitação e transportes abertos a todos, seguros, resistentes e sustentáveis.

12. ***Consumo responsável***: introdução de padrões de consumo e de produção sustentáveis: evitar o desperdício, reduzir os resíduos e os bens de consumo (livros, vestuário, etc.) através da redução, reutilização e reciclagem.

13. ***Luta contra as alterações*** climáticas: tomar medidas urgentes para combater as alterações climáticas e as suas consequências.

14. ***Proteção da flora e da fauna aquáticas***: conservação e exploração sustentável dos oceanos, dos mares e dos recursos marinhos.

15. ***Proteção da flora e da fauna terrestres***: preservar e restaurar os ecossistemas terrestres, assegurar a sua utilização sustentável, gerir as florestas de forma sustentável, combater a desflorestação e a desertificação, travar e inverter o processo de degradação dos solos e travar a perda de biodiversidade.

16. ***Justiça e paz***: promover a paz, garantir o acesso à justiça para todos e criar instituições eficazes, responsáveis e abertas a todos os níveis.

17. ***Parcerias para os objectivos globais***: revitalizar a parceria global para o

desenvolvimento sustentável e reforçar os meios desta parceria.

### I.4.4. DESENVOLVIMENTO SUSTENTÁVEL NA RDC

No caso da RDC, o sucesso dos objectivos de desenvolvimento sustentável parece à partida pouco claro, uma vez que o país não se esforçou suficientemente para atingir alguns dos objectivos com vista a ter uma visão em consonância com a definida pelas Nações Unidas para alcançar o desenvolvimento sustentável. Mas ainda é tempo de ter vontade, sobretudo vontade política, para promover e fazer um esforço para alcançar alguns dos objectivos.

Na qualidade de signatária da Declaração do Milénio para o Desenvolvimento, cujo objetivo era "erradicar a pobreza como chave para alcançar um desenvolvimento sustentável para todos", a RDC implementou os ODM durante o período 2000-2015. Com base nos seus compromissos, e apesar de uma situação de segurança preocupante, o país empreendeu uma série de reformas em domínios fundamentais no âmbito dos três DSCRP (Documentos de Estratégia de Crescimento e de Redução da Pobreza) apoiados pelos PAG (Programas de Ação Governamental). A implementação dos ODM foi acompanhada através da capitalização de quatro relatórios de progresso (2005, 2010 e 2012, 2015), bem como de quatro Quadros de Aceleração dos ODM (CAO) nos sectores da segurança alimentar, da educação, da mortalidade infantil e materna e da luta contra o VIH/SIDA e a malária.

Apesar dos esforços desenvolvidos num contexto difícil e frágil e dos progressos consideráveis realizados, o país não atingiu nenhum dos ODM e subsistem desafios importantes (Ministério do Planeamento e do Acompanhamento da Revolução da Modernidade, 2016)

O principal objetivo destes objectivos é a erradicação total da pobreza no mundo, para que todos possam usufruir do seu bem-estar e satisfazer as suas necessidades básicas sem dificuldades. Nesta perspetiva, a pobreza é considerada como um obstáculo e/ou um entrave ao desenvolvimento no sentido estrito do termo.

Convém igualmente notar que o conceito de desenvolvimento sustentável suscitou grandes esperanças nos anos 90 e continua a suscitar atualmente. Foi visto como uma ajuda à reflexão societal, um novo conceito suscetível de reorientar as nossas acções e, em última análise, a nossa sociedade, que parece estar quase no fim da sua linha, incapaz de resolver as questões emergentes, em primeiro lugar a questão ecológica (ROBERT, 2011).

Falar de desenvolvimento sustentável na RDC parece utópico, simplesmente porque a sua população vive diariamente o oposto do que o verdadeiro conceito recomenda.

Como se pode verificar, ao contrário dos ODM, uma das inovações introduzidas na nova agenda dos ODS é que cada país deve escolher, para cada objetivo, as metas prioritárias, tendo em conta o seu contexto, que lhe permitirão atingir o referido objetivo e com base nas quais o país será avaliado. Esta abordagem reflecte as diferenças entre os países que subscreveram a agenda e a firme determinação dos Estados em contextualizar cada objetivo tendo em conta as prioridades nacionais. É também de salientar que a hierarquização não diz respeito aos ODS propriamente ditos, mas sim às suas metas.

A inexistência de uma política e a ineficácia de certas estruturas, que evoluem no sentido de prever uma melhoria das condições de vida no futuro ou que evoluem de forma a perspetivar as coisas de acordo com o seu futuro em cada domínio, nunca deixam de desencorajar quem quer que seja, quando se trata de analisar ou avaliar a situação do desenvolvimento na RDC.

Note-se que, em 2015, o governo lançou a preparação do Plano

Estratégico de Desenvolvimento Nacional (PEDN), a fim de se dotar de um quadro programático de médio e longo prazo para federar a condução das políticas públicas e sustentar as estratégias de desenvolvimento económico, humano e social (em consonância com os Objectivos de Desenvolvimento Sustentável: ODS e a Visão 2063 da União Africana) no país, mas devido à frequência com que a equipa governamental mudou entre 2016 e 2017, este plano de desenvolvimento continua por finalizar (NSHUE, 2019).

O controlo do crescimento demográfico, por exemplo, permite identificar as necessidades de uma população para lhe fornecer os produtos necessários para as satisfazer. A WCED estipula, assim, que o desenvolvimento sustentável só é possível se a demografia e o crescimento evoluírem em harmonia com o potencial produtivo do ecossistema.

É importante lembrar que a implementação da Agenda 2030 requer recursos financeiros e tecnológicos sem precedentes. O investimento total mínimo necessário por ano é estimado em 31,629 mil milhões de dólares, ou seja, 158,14 mil milhões para o período de cinco anos (Ministério do Planeamento e Acompanhamento da Revolução da Modernidade, 2016).

## I.5. ESTRATÉGIA LOCAL

Por estratégia local, é óbvio notar um modelo típico que contribui para a resolução dos problemas alimentares da cidade em particular e do país em geral. Enquanto o mundo inteiro reconhece a grande possibilidade de alimentar um grande número de países graças às terras congolesas, a RDC continua com a sua estratégia de importação.

Para alcançar o desenvolvimento sustentável que as Nações Unidas desejam até 2030, é importante recordar que na RDC em geral, e em cada zona do país em particular, é evidente que a política de agricultura urbana e periurbana deve ser aplicada para garantir o êxito de alguns outros objectivos.

### 1.5.1. AGRICULTURA URBANA E PERIURBANA

#### *1.5.1.1. Contexto*

De acordo com a 15ª sessão do Comité de Agricultura da FAO, realizada em Roma de 25 a 29 de janeiro de 1999, sobre a agricultura urbana e periurbana, ponto 9 da ordem de trabalhos, a agricultura urbana, tal como a consideramos aqui, refere-se a pequenas áreas (por exemplo, terrenos baldios, jardins, pomares, varandas, contentores diversos) utilizadas nas cidades para cultivar algumas plantas e criar pequenos animais e vacas leiteiras para consumo pessoal ou venda local.

Por agricultura periurbana, entendemos as unidades agrícolas próximas da cidade que gerem explorações agrícolas comerciais ou semi-comerciais intensivas, cultivando horticultura (legumes e outras culturas), aves de capoeira e outros animais para produção de leite e ovos.

Na cidade de Kinshasa, por exemplo, existem duas oportunidades óbvias para a agricultura urbana:

**a) Agricultura urbana sem solo**

Numa cidade densamente povoada como esta, encontrar um espaço livre para o seu jardim não é nada fácil, porque cada espaço tem o seu dono. Estes espaços são cada vez mais utilizados para a construção, a maior parte dos quais é consagrada a edifícios de habitação, comerciais, cerimoniais, etc. Nestes casos, é óbvio que se deve pensar em cultivar sobre um material que contenha matéria mineral ou orgânica para obter os legumes da sua escolha, sem contar com os produzidos no solo, para os quais o espaço de cultivo e o acompanhamento adequado parecem dispendiosos.

b) **Agricultura urbana baseada no solo**

Com esta forma de cultivo, as mudas produzidas tocam diretamente o solo. Este tipo de cultivo é mais indicado para quem dispõe de um espaço bastante grande em casa, ou de um espaço que não é utilizado de todo. Na vida quotidiana, muitas pessoas confiam neste tipo de cultivo, porque é utilizado há várias gerações, nomeadamente para fins comerciais, e graças a este tipo de cultivo, a maioria das pessoas realizou os seus sonhos.

Por agricultura periurbana, entendemos as unidades agrícolas próximas da cidade que gerem explorações agrícolas comerciais ou semi-comerciais intensivas, cultivando horticultura (legumes e outras culturas), aves de capoeira e outros animais para produção de leite e ovos.

A agricultura urbana e periurbana é praticada em todo o mundo dentro ou à volta dos limites administrativos das cidades. Produz produtos da agricultura, da pecuária, da pesca e da silvicultura.

Inclui também produtos florestais não lenhosos, bem como as funções ecológicas da agricultura, da pesca e da silvicultura. Em muitos casos, já existem sistemas agrícolas e hortícolas múltiplos nas cidades e arredores.

A partir do exposto, é claro que o Novo DAIPN adoptou a política de agricultura urbana e periurbana, apesar da sua falta de sofisticação em fornecer adequadamente à cidade os alimentos de que necessita.

Mas todo o valor que merece está a ser ignorado porque está a ser esquecido pelos responsáveis da sua autoridade de tutela, que deveriam apoiar esta estratégia, mas que confiam nas importações simplesmente porque o domínio parece privado da autoridade do Estado em vigor, quando os resultados estão a melhorar o bem-estar da população congolesa através da promoção da produção local.

***I.5.1.2. Os benefícios da agricultura urbana e periurbana***

Todos os países do mundo dispõem de uma política agrícola capaz de satisfazer as necessidades alimentares a curto e a longo prazo da sua população, sem que esta sucumba à subnutrição.

A combinação de todas estas medidas é de importância vital na luta contra a insegurança alimentar e a subnutrição, mas a produção local continua a ser a melhor opção em termos de contribuição para a estabilidade alimentar.

A partir desta produção local, a agricultura urbana e periurbana continua a ser indispensável, porque continua a ser o único meio eficaz de assegurar a disponibilidade de alimentos numa cidade onde esta satisfaz as necessidades, fornecendo alimentos de muito boa qualidade e contribuindo assim para o crescimento da economia da zona em causa.

É, portanto, a única forma eficaz de ajudar a reduzir a taxa de dependência alimentar externa e de manter uma boa saúde, mesmo perante variações climáticas, aumentos globais dos preços dos alimentos e repetidas crises económicas.

A história mostra que os países do Terceiro Mundo que mais frequentemente conseguem ser auto-suficientes em termos alimentares são aqueles que beneficiaram de um relativo isolamento geográfico e onde os governos tiveram a vontade (e os meios) de impor medidas proteccionistas para limitar as importações de produtos agrícolas baratos dos países industrializados (Índia, Indonésia, Coreia, etc.). Pelo contrário, os países que optaram pelo comércio livre e se especializaram na exportação de alguns produtos mineiros (petróleo) ou de produtos tipicamente tropicais (café, algodão, juta, amendoim) dependem atualmente em grande medida das importações para a sua alimentação (Marc, 1996).

Assim, quer em Kinshasa, quer nas outras províncias do país, quer em qualquer outra parte do mundo, há ainda razões para esperar uma melhoria das práticas alimentares que ajudará a manter a segurança alimentar nas zonas urbanas, graças à agricultura urbana e periurbana, que precisa, sem dúvida, de ser organizada.

A profissionalização da agricultura urbana (horticultura de mercado), através da formação de associações ad hoc às quais pode ser concedido crédito, pode criar uma verdadeira riqueza em Kinshasa (mercado de legumes, frutas e tomates). A escolha dos locais de horticultura deve respeitar os equilíbrios ambientais (proteção dos habitats frágeis, segurança química através da utilização não excessiva de pesticidas químicos e de fertilizantes industriais) (MUSIBONO et *al.* 2011).

A agricultura urbana e periurbana aplicada num ambiente urbano responsável responderá favoravelmente às necessidades da sua população em tempos de crise ou outras catástrofes que podem tornar toda a população vulnerável; a experiência do período de confinamento após a pandemia da COVID-19 mostrou como esta forma de agricultura é crucial para resolver os problemas alimentares da cidade de Kinshasa.

Entretanto, o Banco Mundial teve de reconhecer que as cidades africanas não estão a desenvolver-se da forma que tínhamos imaginado. Em vez de crescerem como motores de desenvolvimento, parece que muitas delas se tornaram grandes "buracos negros". Exercem, de facto, um enorme poder de atração e continuam a absorver as populações rurais a um ritmo constante, mas parece que a única coisa que se desenvolveu neste espaço urbano foi o próprio subdesenvolvimento. A cidade é (demasiado) facilmente resumida como um lugar de marginalização e de exclusão, um lugar de bairros de lata, de fome, de miséria e de analfabetismo (Filip, 2006).

# CAPÍTULO 2: AMBIENTE DE ESTUDO, MATERIAIS E MÉTODO

## 11.1. AMBIENTE DE ESTUDO

### 11.1.1. Apresentação do novo DAIPN

A propriedade agroindustrial presidencial de N'sele é uma das maiores explorações agrícolas da cidade de Kinshasa e da República Democrática do Congo. A propriedade tem uma história de prestígio no sector agrícola em geral e no sector agroindustrial do país em particular.

### 11.1.2. Localização geográfica

A zona agroindustrial presidencial de N'sele, atualmente denominada NOUVEAU DAIPN, está situada na parte oriental da cidade-província de Kinshasa, a 60 km do centro da cidade e a 30 km do aeroporto internacional de N'djili, na estrada que liga a cidade-província de Kinshasa à província de KWANGO, na região do grande BANDUNDU, delimitada, por um lado, pela RN1 e, por outro, pelo rio Congo e pelo rio N'sele, que lhe dá o nome.

### 11.1.3. História

O parque agroindustrial de N'sele foi criado em 1966 no âmbito da luta pela independência económica do país, que se tornou independente em 30 de junho de 1960. As actividades de produção centraram-se na agricultura, na indústria e na pecuária. No final da década de 1960 e no início da década de 1970, a propriedade foi objeto de um grande desenvolvimento, principalmente como uma moderna propriedade presidencial com um imponente pagode chinês e a luxuosa casa do Presidente Mobutu.

Cerca de uma dúzia de gestores europeus, incluindo muitos belgas e chineses, foram chamados por esta altura para desenvolver actividades pecuárias e agrícolas modelo, incluindo uma vasta exploração de galinhas em bateria, gado e uma grande exploração de ananases e outras culturas agrícolas. A propriedade incluía um vasto parque de animais, o Parc Président Mobutu, com várias centenas de hectares, bem como recintos onde se encontravam leões, chitas, okapis, chimpanzés, zebras, etc., e uma piscina olímpica pública aberta ao público, incluindo muitos residentes de Kinshasa, principalmente aos fins-de-semana.

Para permitir a realização destes objectivos, a parte agrícola da propriedade foi desenvolvida em 1968; no entanto, a criação de suínos começou em 1970 e a especialização na criação de gado leiteiro foi adquirida em 1973. Entre 1966 e 1973, a propriedade funcionou como um serviço público.

Em 1973, foi elevado ao estatuto de estabelecimento público, com um património próprio e actividades industriais e comerciais. Sob este estatuto, as principais tarefas do património eram as seguintes

- ✓ Permitir que as mais altas autoridades do país organizem serviços hoteleiros e reuniões, tanto nacionais como internacionais, em qualquer altura;
- ✓ Fornecer à população de Kinshasa uma vasta gama de produtos alimentares de base (leite fresco, ovos, conservas de tomate, carne de porco, frango, peixe, conservas de fruta, etc.) que ainda não existem.

A principal unidade de produção, a quinta principal, cobre quase 3.000 hectares, dos quais cerca de uma centena é utilizada para o cultivo intensivo de produtos hortícolas, arroz em casca, chá, mandioca, tubérculos, milho, ananás e diversos frutos.

Uma fábrica de rações para gado (UAB) e edifícios residenciais e sociais completam o quadro deste sítio, cujas infra-estruturas se mantiveram em bom estado até 2002, altura em que se iniciaram períodos de pilhagem e destruição de instrumentos de trabalho.

### 11.1.4.Parceria

Em 2009, o governo congolês obteve o apoio financeiro do Banco Africano de Desenvolvimento (BAD) para relançar as actividades da exploração. Isto permitiu servir a população da capital Kinshasa com ovos, frangos e carne de porco, com resultados lisonjeiros.

As actividades da exploração foram interrompidas devido ao aumento dos custos de exploração, o que impediu a renovação do efetivo, e os financiamentos do BAD não permitiram remediar os danos causados por esta destruição.

Na procura de uma solução duradoura, o governo congolês, proprietário da iniciativa, assinará um acordo de parceria público-privada com a prestigiada empresa israelita LR GROUP, a 9 de maio de 2013, com vista a reabilitar toda a propriedade de acordo com as normas e a relançar todas as actividades necessárias para melhorar as condições alimentares da população congolesa, contribuindo para a sua segurança alimentar.

Também desta vez, os resultados foram os mesmos e bastante prometedores no início, mas só ao fim de alguns anos é que se notou uma grande diferença, uma vez que a estabilidade da propriedade não estava garantida.

### 11.1.5.Administração

Na sua estratégia, o novo DAIPN é constituído por uma hierarquia administrativa que facilita o desenvolvimento coerente de todos os trabalhos. Esta hierarquia administrativa é composta por direcções que realizam o trabalho de acordo com os objectivos estabelecidos, mas as direcções interagem entre si para conduzir o domínio a um objetivo comum. Assim, fazem parte do comité administrativo do Novo DAIPN as seguintes direcções

1. Gestão geral ;
2. Secretariado;
3. Gestão da produção ;
4. Gestão administrativa;
5. Gestão financeira ;
6. Direção técnica ;
7. Gestão comercial.

Para melhor representar todos estes departamentos de uma forma hierárquica ou funcional, é importante elaborar um organigrama que mostre em pormenor as divisões resultantes de todos estes departamentos:

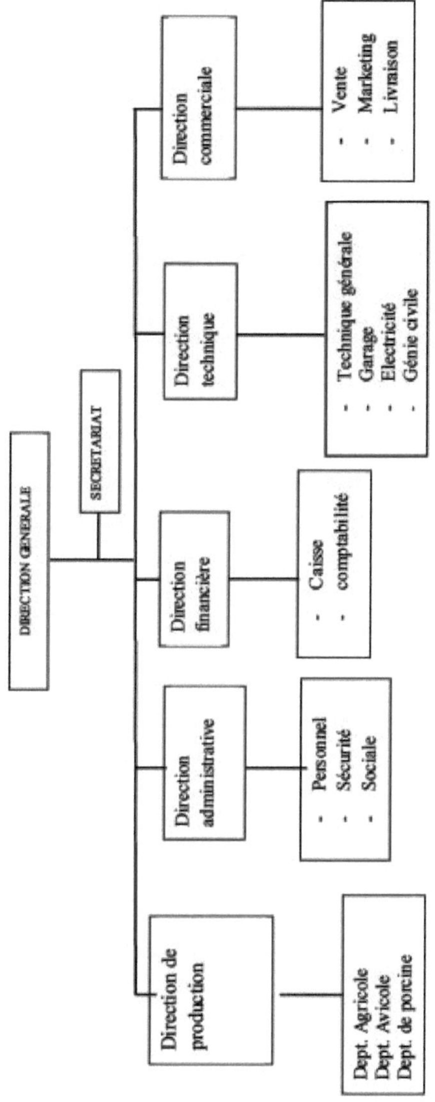


Figura 2: Novo organigrama da DAIPN

### I. 1.6. Tecnologia

O Novo DAIPN continua a ser o principal pólo agroindustrial da cidade e do país em geral. Ao contrário de algumas práticas presentes na maioria das áreas agrícolas da cidade, esta utiliza técnicas industriais que permitem, graças à maquinaria e à tecnologia existentes, a realização de produções em grande escala num curto espaço de tempo.

Graças a esta tecnologia, a propriedade não tem qualquer problema com as suas culturas, uma vez que o GRUPO LR teria tido todo o gosto em partilhar os seus conhecimentos, instalando o revolucionário sistema de irrigação por gotejamento, utilizando a água do rio e das estufas para as culturas, de modo a permitir uma produção regular sem estar dependente das estações do ano para o cultivo de tomates, pimentos, pepinos, beringelas, couves, amarantos, melancias, melões, etc.

Para que os seus frangos não dependam de rações, a Nouveau DAIPN dispõe de uma unidade de fabrico de rações que não só reduz a dependência das rações, como também garante a boa qualidade dos alimentos consumidos pelos frangos e outros animais.

### II. 1.7. Pontos de venda

Para vender os seus produtos de forma eficaz e chegar a um grande número de habitantes de Kinshasa, o Novo DAIPN dispõe, para além dos clientes diretos, como restaurantes, hotéis, supermercados, etc. (que são entregues de acordo com as suas encomendas), de pontos de venda ou de zonas orientadas para apresentar os resultados do seu trabalho e facilitar a compra dos produtos pelos revendedores. (que são fornecidos de acordo com as suas encomendas), dispõe igualmente de pontos de venda ou de espaços orientados para apresentar os resultados do seu trabalho e facilitar a compra dos seus produtos pelos revendedores. Os pontos de venda da Nouveau DAIPN estão situados em N'SELE,

KIMBANSEKE, MARCHE DE LA LIBERTE, BANDAL, SALONGO, UPN e GRAND MARCHE.

#### II.1.8. Slogan

Como qualquer outra empresa comercial que pretenda fidelizar os seus clientes, a Nouveau DAIPN utiliza uma frase que tranquiliza os consumidores relativamente aos seus produtos, sobretudo promovendo e honrando o solo de onde provém tudo o que produz. O slogan que a Nouveau DAIPN utiliza acompanha o seu logótipo e pode ser facilmente encontrado em todos os seus produtos embalados ou noutros objectos presentes nos pontos de venda da propriedade. O slogan de Nouveau DAIPN é "Manger frais, manger congolais" (Fonte: Dados de Nouveau DAIPN).

## II.2. MATERIAIS E MÉTODO

### II.2.1. MATERIAL

O nosso material é constituído pelas culturas emblemáticas do Nouveau DAIPN, bem como por todos os sujeitos inquiridos. Estas culturas são designadas por culturas emblemáticas porque estão disponíveis no sítio e permitem-nos identificar claramente a sua produção no Novo DAIPN através da indicação da quantidade do rendimento mensal.

Estas culturas emblemáticas eram seis (6):

1) Tomate
Nome científico: *Solanum lycopersicum; Família: Solanaceae*
2) Pimentos
Nome científico: *Capsicum annuum; Família: Solanaceae*
3) Pepino
Nome Zoológico: *Cucumis sativum; Família: Cucurbitaceae*
4) Beringela doce
Nome científico: *Solanum melongena*; Família: *Solanaceae*
5) Melancia

Nome Zoológico: *Citrullus lanatus; Família: Cucurbitaceae*

6) Melão

Nome científico: *Cucumis melo; Família: Cucurbitaceae.*

### II.2.2 MÉTODO

O método utilizado durante o nosso trabalho foi a observação direta no terreno. Utilizámos também várias técnicas de inquérito, tais como: análise, documentação, entrevistas, amostragem e inquéritos de campo.

#### *II.2.2.1. TÉCNICAS*

No nosso estudo, foram utilizadas várias técnicas para recolher dados e apresentá-los sob a forma de resultados, nomeadamente :

a. Investigação documental

No âmbito deste estudo, a técnica de investigação documental permitiu-nos recolher os dados e informações necessários à realização desta dissertação. Esses dados estavam contidos nas estantes (livros e publicações científicas) de várias bibliotecas da cidade e relatórios de serviços do novo DAIPN.

b. Inquérito prévio

No contexto do nosso estudo, a pré-investigação ajudou-nos a conhecer o ambiente que estávamos a investigar e a identificar eventuais problemas relacionados com o tema. Permitiu-nos identificar aspectos preliminares relacionados com o tema, através do contacto com pessoas, alguns dos quais exigiram um estudo aprofundado. A pré-investigação permitiu também enriquecer o problema e a hipótese principal.

c. Amostragem

Tendo em conta as dificuldades de tempo, materiais e financeiras ligadas à realização do estudo, a dimensão da amostra foi fixada em 66. Os inquiridos (consumidores e retalhistas dos novos produtos DAIPN) foram selecionados aleatoriamente.

d. Entrevista

Para efeitos do nosso estudo, a entrevista foi utilizada para complementar os dados do questionário, fazendo com que o maior número possível de pessoas no novo sítio do DAIPN falasse connosco, a fim de obter informações adicionais sobre os problemas de insegurança alimentar.

e. Contagem e interpretação dos resultados

Uma vez recolhidos os formulários de inquérito, a tarefa seguinte consistiu em analisar cada um deles, secção por secção, pergunta por pergunta. Este trabalho permitiu-nos elaborar quadros, bem como a figura. Em seguida, interpretámos e discutimos os diferentes resultados.

# CAPÍTULO 3: RESULTADOS E DISCUSSÃO

## 111.1. Resultados

Os parágrafos seguintes apresentam os resultados deste estudo. Para facilitar a compreensão dos leitores, dividimos os nossos resultados em três secções principais:

- Produção do novo DAIPN
- Informações gerais sobre os retalhistas
- Informação geral ao consumidor

### 111.1.1. Produção do novo DAIPN

O novo DAIPN tem dois sectores principais:

- O sector agrícola ;
- O sector das aves de capoeira ou da pecuária.

#### *III.1.1.1. Resultados por sector*

##### *a) O sector agrícola*

Quadro 1: Principais culturas do sector agrícola e respectiva produção

| **Produtos** | **novembro** | **dezembro** | **janeiro** | **fevereiro** | **Total** | **%** |
|---|---|---|---|---|---|---|
| Beringela | 10349 kg | 1452 kg | 1556 kg | 5058 kg | 18415 Kg | 7,4 |
| Pepino | 14441 Kg | 15079 Kg | 14183 kg | 16335 Kg | 60038 Kg | 24,1 |
| Pimentos | 15067 Kg | 18857 Kg | 19218 Kg | 14701 Kg | 67843 Kg | 27,3 |
| Tomate | 55519 Kg | 15955 kg | 6952 kg | 14515 Kg | 92941 Kg | 37,4 |
| Melancia | 1477 kg | - | - | 5232 kg | 6709 Kg | 2,7 |
| Melão | 1278 kg | - | - | 1160 kg | 2438 kg | 1,1 |
| **Total geral** | **98131 Kg** | **51343** | **41909 Kg** | **57001 Kg** | **248384 Kg** | **100** |

O quadro 1 mostra que, durante os 4 meses abrangidos pelo nosso estudo, o Nouveau DAIPN produziu 37,4% de tomate (92941 kg), 27,3% de pimento (67843 kg), 24,1% de pepino (60038 kg), 7,4% de beringela (18415 kg), 2,7% de melancia (6709 kg) e a produção de melão representou apenas 1,1% (2438 kg).

##### *b) Setor da pecuária*

O sector pecuário do Novo DAIPN é também uma área de grande produção, mas a sua diversidade é atualmente caracterizada por frangos frescos e ovos para consumo.

Além disso, de acordo com as previsões de produtividade para este sector realizadas no início do trabalho, esta área é capaz de produzir o seguinte, tendo em conta as diversidades:

Quadro 2: Capacidade de produção do sector pecuário

| *Tipo de produção* | *Taxa diária* | *Previsões/Toneladas* |
|---|---|---|
| ***Frangos de carne*** | ***3500 ou 3000*** | ***1500 por dia*** |
| ***Ovos de mesa*** | ***30 000, 60 000, 90 000*** | ***25.000.000/ano*** |
| ***Carne de porco*** | - | ***1.300/ano*** |
| ***Peixe*** | - | ***300/ano*** |

O quadro 2 mostra que a taxa diária para os frangos de carne é de 3.500 ou 3.000 e a sua previsão/tonelada/dia é de 15.000; para os ovos, a taxa diária é de 30.000, 60.000 ou 90.000 e a sua previsão/tonelada/ano é de 25.000.000 de ovos; e para a carne de porco, a previsão/tonelada/ano é de 300.

Quadro 3: Produção no sector da pecuária

| *Produto* | *novembro* | *dezembro* | *janeiro* | *fevereiro* | *Total* |
|---|---|---|---|---|---|
| ***Ovos de mesa*** | ***378000*** | ***334800*** | ***279000*** | ***125280*** | ***1117080*** |
| ***Percentagem*** | ***34*** | ***30*** | ***25*** | ***11*** | ***100 %*** |

Como mostra o quadro 3, o único produto que continua a existir é o ovo de mesa. Em novembro de 2019, assistimos ao início da quebra, com a produtividade a cair 34%, para 378.000 ovos (1.050 caixas), mas o mês de dezembro, que deveria ter tomado o controlo, continuou a cair, chegando a cair 30%, para 334.000 ovos (930 caixas); Quanto a janeiro de 2020, a queda foi-se tornando cada vez mais enorme porque a queda não tinha sido controlada nos dois meses anteriores, o resto só podia piorar, razão pela qual atingimos 25% de produtividade, 279.000 ovos ou 775 caixas; finalmente fevereiro atingiu uma queda total de 11% com 125.280 ovos ou 348 caixas.

**III.1.2. INFORMAÇÕES GERAIS SOBRE OS RETALHISTAS DE NOVOS PRODUTOS DAIPN**

*III.1.2.1. Quadro 4: Repartição dos inquiridos por perfil*

| *Género* | *Frequência* | *Percentagem* |
|---|---|---|
| *Masculino* | *6* | *16,7* |
| *Feminino* | *30* | *83,3* |
| *Total* | *36* | *100* |
| *Estado civil: - Casado*<br>*- Individual* | *28*<br>*8* | *77,8*<br>*22,2* |
| *Total* | *36* | *100* |
| *Nível de estudos :*<br>*- Primário*<br>*- Licenciado*<br>*- Estudo universitário* | <br>*16*<br>*18*<br>*2* | <br>*44,4*<br>*50*<br>*5,6* |
| *Total* | *36* | *100* |
| *Grupo etário :*<br>*- Entre 20 e 30 anos de idade* | *12* | *33,3* |
| *- Entre 30 e 40 anos de idade* | *22* | *61,1* |
| *- De 40 a 50 anos* | *1* | *2,8* |
| *- A partir de 50 - Mais* | *1* | *2,8* |
| *Total* | *36* | *100* |

O quadro 4 mostra que 83,3% dos inquiridos são do sexo feminino, contra 16,7% do sexo masculino.

Em termos de estado civil, 77,8% são casados e 22,2% são solteiros. Em termos de habilitações literárias, 50% são licenciados, 44,4% têm o ensino primário e 5,6% têm o ensino universitário.

A idade dos nossos inquiridos também foi recolhida, mas por grupo etário. No entanto, entre os inquiridos, a faixa etária dos 30-40 anos representa 61,1%, a dos 20-30 anos 33,3%, a dos 40-50 anos 2,8% e a dos 50 e mais anos 2,8%.

***III.1.2.2. Quadro 5: Opinião dos inquiridos sobre as suas primeiras aquisições de produtos da Nova DAIPN***

| *Ano de aquisição* | *Frequência* | *Percentagem* |
|---|---|---|
| *2010* | *2* | *5,6* |
| *2011* | *2* | *5,6* |
| *2014* | *6* | *16,7* |
| *2016* | *6* | *16,7* |
| *2017* | *8* | *22,2* |
| *2018* | *2* | *5,6* |
| *2019* | *4* | *11,1* |
| *2020* | *6* | *16,7* |
| *Total* | *36* | *100* |

A Tabela 5 mostra que alguns inquiridos (22,2%) começaram a comprar os novos produtos DAIPN em 2017; 16,7% dos inquiridos em 2016; 16,7% dos inquiridos em 2020; 16,7% dos inquiridos em 2014; 11,1% dos inquiridos em 2019; 5,6% em 2010; 5,6% em 2011; e 5,6% em 2018.

***III.1.2.3. Quadro 6: Opiniões dos inquiridos sobre as suas motivações para vender produtos da Nova DAIPN***

| *Motivação* | *Frequência* | *Percentagem* |
|---|---|---|
| *Produtos apreciados pelos clientes* | *12* | *33,3* |
| *Produtos de boa qualidade* | *24* | *66,7* |
| *Baixo custo de aquisição* | *0* | - |
| *Total* | *36* | *100* |

A Tabela 6 mostra que 66,7% dos inquiridos foram motivados pela boa qualidade dos produtos do Novo DAIPN e 33,3% afirmaram ter sido motivados pela procura destes produtos por parte dos clientes. É de salientar que nenhum dos inquiridos afirmou ter sido motivado pelo baixo custo destes produtos no momento da compra.

*III.1.2.4. Quadro 7: Opinião dos inquiridos sobre a sua distância em relação ao local do novo DAIPN*

| *Distância do sítio da DAIPN* | *Frequência* | *Percentagem* |
|---|---|---|
| *Retalhistas próximos* | *16* | *44,4* |
| *Retalhistas à distância* | *20* | *55,6* |
| *Total* | *36* | *100* |

Em termos de distância dos revendedores em relação ao sítio da Nova DAIPN, 55,6% são revendedores distantes e 44,4% são revendedores próximos.

*III.1.2.5. Quadro 8: Opiniões dos inquiridos sobre as suas cidades de origem*

| *Município de origem* | *Frequência* | *Percentagem* |
|---|---|---|
| *MONT-NGAFULA* | *2* | *10* |
| *Kimbanseke* | *8* | *40* |
| *GOMBE* | *2* | *10* |
| *KALAMU* | *2* | *10* |
| *KINSHASA* | *2* | *10* |
| *LIMETE* | *2* | *10* |
| *N'SELE* | *2* | *10* |
| *Total* | *20* | *100* |

O quadro 8 mostra que 40% dos comerciantes provêm de KIMBANSEKE, 10% de GOMBE, 10% de MONT-NGAFULA, outros 10% de KALAMU, outros 10% de KINSHASA, 10% de LIMETE e 10% de N'SELE.

***III.1.2.6. Quadro 9: Distribuição dos vendedores em função dos seus pontos de venda***

| *Existência de um ponto de venda* | *Frequência* | *Percentagem* |
|---|---|---|
| *Retalhistas com ponto de venda* | *30* | *83,3* |
| *Retalhistas sem ponto de venda (que operam no sistema de distribuição)* | *6* | *17,7* |
| *Total* | *36* | *100* |

O quadro 9 mostra como os produtos New DAIPN são vendidos por todos os tipos de retalhistas. Mostra que 83,3% dos retalhistas têm pontos de venda e 17,7% não têm, mas utilizam o sistema de entrega de produtos.

***III.1.2.7. Quadro 10: Distribuição dos revendedores de produtos da Nova DAIPN por local de venda***

| *Sítios Web de vendas* | *Frequência* | *Percentagem* |
|---|---|---|
| *HINDOU* | *12* | *40* |
| *ZIKIDA* | *12* | *40* |
| *GOMBARE* | *2* | *6,7* |
| *N'SELE/NECROPOLE* | *3* | *10* |
| *MONT-NGAFULA* | *1* | *3,3* |
| *Total* | *30* | *100* |

O quadro 10 mostra que 40% dos nossos inquiridos possuem pontos de venda no mercado HINDOU em KIMBANSEKE; outros 40% possuem pontos de venda em ZIKIDA; 10% dos nossos inquiridos possuem pontos de venda em N'SELE em direção a NECROPOLE; 6,7% dos nossos inquiridos possuem pontos de venda no mercado GOMBARE em direção à ponte GABY; e 3,3% possuem pontos de venda em MONT-NGAFULA.

*III.1.2.8. Quadro 11: Repartição dos clientes por preferência de produto Nova RDPI*

| *Alimentos preferidos* | *Frequência* | *Percentagem* |
|---|---|---|
| *Pimentos, tomates, beringela, pepino* | *36* | *100* |
| *Amaranto, folhas de batata, couve, alface,...* | *0* | *0* |
| *Total* | *36* | *100* |

Em termos de preferência dos clientes, os retalhistas referem que os produtos mais procurados pelos seus clientes são os pimentos, os tomates, as beringelas e os pepinos. O quadro 11 confirma este facto, uma vez que estes produtos representam 100% dos pedidos.

### *III.1.2.9. Atitudes dos clientes relativamente à origem dos produtos*

Este comportamento poderia permitir aos consumidores identificar eventuais danos causados pelos novos produtos DAIPN em casa, ou tranquilizar-se quanto à qualidade dos produtos que já escolheram.

A figura 2 mostra que 77,8% dos inquiridos confirmam sem qualquer dúvida que os seus clientes não têm qualquer problema em conhecer a origem dos produtos e 22,2% dos inquiridos confirmam que os seus clientes não conhecem a origem dos produtos.

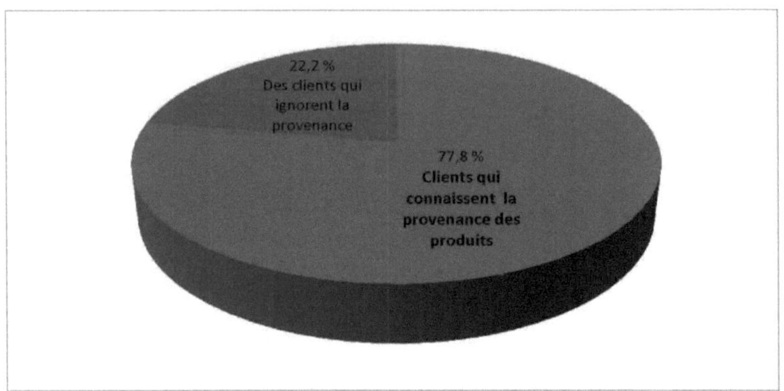


Figura 2: Atitudes dos clientes relativamente à origem dos seus *produtos*

***III.1.2.10. Quadro 12: Distribuição das opiniões dos retalhistas inquiridos em relação aos meios de que dispõem para conhecer o Novo DAIPN***

| *Recursos* | *Frequência* | *Percentagem* |
|---|---|---|
| *Através de amigos* | *18* | *50* |
| *Sobre si próprio* | *18* | *50* |
| *Através dos media* | *0* | *0* |
| *Total* | *36* | *100* |

O quadro 12 mostra que 50% dos nossos inquiridos tiveram conhecimento através dos seus amigos e os outros 50% através de si próprios. Nenhum inquirido teve conhecimento do Novo DAIPN através dos meios de comunicação social.

Cada um dos concessionários teve de descobrir os produtos do Novo DAIPN de acordo com os seus esforços; este modo de descoberta do Novo DAIPN interessou ao nosso inquérito para avaliar os progressos do serviço de marketing.

### III.1.3. INFORMAÇÕES GERAIS SOBRE OS CONSUMIDORES DE NOVOS PRODUTOS DAIPN

***III.1.3.1. Quadro 13: Repartição dos inquiridos por perfil***

| *Género* | *Frequência* | *Percentagem* |
|---|---|---|
| ***Masculino*** | ***16*** | ***53,3*** |
| ***Feminino*** | ***14*** | ***46,7*** |
| ***Total*** | ***30*** | ***100*** |
| ***Estado civil: - Casado***<br>***- Individual*** | ***16***<br>***14*** | ***53,3***<br>***46,7*** |
| ***Total*** | ***30*** | ***100*** |
| ***Nível de estudos :***<br>***- Nenhum***<br>***- Primário*** | <br>***4***<br>***10*** | <br>***13,3***<br>***33,3*** |
| ***-Licenciado***<br>***-Universidade*** | ***16***<br>- | ***44,4***<br>- |
| ***Total*** | ***30*** | ***100*** |
| ***Grupo etário :*** | | |
| ***- Entre 20 e 30 anos de idade*** | ***14*** | ***46,7*** |
| ***- Entre 30 e 40 anos de idade*** | ***11*** | ***36,6*** |
| ***- De 40 a 50 anos*** | ***3*** | ***10*** |
| ***- A partir de 50 - Mais*** | ***2*** | ***6,7*** |
| ***Total*** | ***30*** | ***100*** |

O quadro 13 mostra que 53,3% dos inquiridos são do sexo masculino e

46,7% do sexo feminino.

Quanto ao seu estado civil, 53,3% são casados e 46,7% são solteiros.

Em termos de nível de instrução, 44,4% são licenciados, 33,3% têm o ensino primário e 13,3% não têm qualquer instrução.

O quadro 13 mostra que a maioria dos inquiridos é jovem, com 46,7% entre os 20 e os 30 anos, 36,6% entre os 30 e os 40 anos, 10% entre os 40 e os 50 anos e 6,7% com 50 ou mais anos.

***III.1.3.2. Quadro 14: Opiniões dos consumidores inquiridos por ano de residência em Novo DAIPN***

| *Período* | *Frequência* | *Percentagem* |
|---|---|---|
| *Desde o nascimento* | *11* | *36,6* |
| *1980* | *3* | *10* |
| *2000* | *2* | *6,7* |
| *2008* | *2* | *6,7* |
| *2013* | *2* | *6,7* |
| *2016* | *2* | *6,7* |
| *2019* | *8* | *26,6* |
| *Total* | *30* | *100* |

A Tabela 14 mostra que 36,6% dos inquiridos estão no sítio do Novo DAIPN desde o nascimento, 26,6% desde 2019, 10% desde 1980, 6,7% desde 2000, 6,7% desde 2008, 6,7% desde 2013 e 6,7% desde 2016.

***III.1.3.3. Quadro 15: Opiniões dos consumidores inquiridos sobre a apreciação dos produtos do Novo DAIPN***

| *Qualidade* | *Frequência* | *Percentagem* |
|---|---|---|
| *Bom* | *28* | *93,3* |
| *Bastante bom* | *2* | *6,7* |
| *Errado* | *0* | *0* |
| *Total* | *30* | *100* |

O quadro 15 mostra que 93,3% dos consumidores descreveram a qualidade dos produtos do Novo DAIPN como boa, contra 6,7% que a descreveram como bastante boa. Nenhum consumidor inquirido deu uma opinião contrária.

***III.1.3.4. Quadro 16: Opinião dos consumidores inquiridos sobre a frequência de consumo***

| *Modo de consumo* | *Frequência* | *Percentagem* |
|---|---|---|
| ***Regular*** | ***28*** | ***93,3*** |
| ***Por intervalo*** | ***2*** | ***6,7*** |
| ***Total*** | ***30*** | ***100*** |

Nesta fase do nosso trabalho, a Tabela 16 mostra 93,3% dos inquiridos que consomem regularmente os produtos do Novo DAIPN e 6,7% dos que os consomem de forma esporádica.

## III.2. DISCUSSÃO

O nosso estudo centrou-se na manutenção da segurança alimentar para o desenvolvimento sustentável na RDC através de uma estratégia local. O caso do Nouveau DAIPN Kinshasa.

Os resultados apresentados neste estudo são discutidos com os publicados em investigações anteriores.

Em relação à produção do novo DAIPN, durante os meses de novembro de 2019 a fevereiro de 2020, o nosso estudo mostra uma produção de 18.415 Kg ou 18 toneladas de beringela. Isto representa apenas 7,4% da produção total do Novo DAIPN.

Por outro lado, a Tabela 1 mostra uma produção elevada no primeiro mês com 10349 Kg, no mês seguinte caiu completamente, produzindo apenas 1452 Kg de beringela. Após esta terrível queda, foram feitos esforços para tentar melhorar a produção desta cultura e o resultado do terceiro mês foi de 1556 Kg, passando para 5058 Kg no quarto mês. Pensamos que esta instabilidade da produção está ligada quer à rotação das áreas de cultivo, quer à duração da colheita, quer aos ataques de pragas e aos riscos sazonais.

A produção total de pepino durante o período em análise foi de 60 038 kg, ou seja, 24,1%. Esta cultura produziu 14.441 kg no primeiro mês, depois 15.079 kg no segundo, mas o terceiro mês não conseguiu manter o equilíbrio na produção e produziu 14.183 kg, um resultado inferior ao do primeiro mês, tendo o quarto mês contribuído para a recuperação da produtividade com 16.335 kg. Recorde-se, portanto, que esta cultura foi a segunda mais produtiva, como se pode ver claramente.

No entanto, os pimentos, por sua vez, renderam um total de 67.843 kg, ou seja, 27,3% de acordo com o nosso inquérito. O quadro 1 mostra claramente que, nestes quatro meses, os três primeiros deram resultados encorajadores em termos de produtividade. O primeiro mês produziu 15067 kg, contra 18857 kg no segundo mês, o que contribuiu para manter a produtividade do pimento; o terceiro mês produziu 19218 kg, mantendo a boa tendência da produção, mas o quarto e último mês registou uma quebra acentuada, produzindo 14701 kg, menos do que no primeiro mês do nosso estudo.

A produção de tomate durante o período de estudo foi de 92.941 kg, ou seja, 37,4%, e foram produzidas 92,5 toneladas; estes resultados encorajam a cultura do tomate e conferem-lhe uma importância notável. De acordo com os resultados da produção mensal apresentados no quadro 1, o tomate é uma das culturas que registou uma quebra acentuada da produção. Estes resultados mostram que, no primeiro mês, a produção foi de 55 519 kg, continuando a ser a única produção de todas as culturas; no entanto, a quebra de rendimento desta cultura também foi significativa, pois no segundo mês a produção baixou para 15 955 kg; no terceiro mês a produção baixou para 6 952 kg, embora os resultados após o primeiro mês devessem ser cada vez mais elevados para melhor garantir a disponibilidade desta cultura. O quarto mês também tentou aumentar a produtividade do tomate, com uma produção de 14.515 kg.

A produção de ovos está, pelo menos, presente, apesar da queda significativa. A produção total foi de 1.117.080 ovos, sendo que no primeiro mês a produção chegou a 378.000 ovos, ou seja, 34%, enquanto que a partir do segundo mês se sentiu uma quebra na produção, com uma produção de 334.800 ovos, ou seja, 30%, seguindo-se a quebra no terceiro mês, com uma produção mensal de 279.000 ovos, ou seja, 25% da produção desse mês, contra 125.280 ovos no último mês, ou seja, apenas 11%. Estas descidas estão muitas vezes ligadas à idade das galinhas, uma vez que a sua renovação constitui frequentemente um problema para o Novo DAIPN, razão pela qual os frangos de carne foram esvaziados.

No que diz respeito à melancia e ao melão, é importante salientar que o rendimento destas duas culturas se encontra ainda na fase experimental da sua cultura no Nouveau DAIPN, razão pela qual a produção não foi registada em todos os meses do nosso estudo, como mostra o quadro 1. Por conseguinte, os resultados destes ensaios são ainda uma esperança para o sucesso da cultura destes dois frutos. Estas duas culturas têm o mesmo calendário de cultivo, na medida em que só foram cultivadas durante dois meses, enquanto os outros dois meses não foram produtivos para a melancia e o melão. O quadro 1 mostra que a melancia produziu 1477 kg no primeiro mês, contra 5232 kg no quarto mês, enquanto o melão produziu 1278 kg no primeiro mês e 1160 kg no quarto mês. Apesar desta quebra de produção, os ensaios efectuados até agora parecem prometedores.

Além disso, os baixos níveis de produção estão na origem dos efeitos que pesam sobre a população em caso de crise alimentar a nível continental, mundial ou regional. Tal como em alguns países da África Subsariana, os efeitos da crise alimentar mundial fizeram-se sentir de forma mais aguda na RDC devido à baixa produtividade do seu sector agrícola e à sua dependência das importações de produtos alimentares (Relatório ODM, 2015) citado por MUTEBA e NKULU (2019).

Note-se que a produção do novo DAIPN é extremamente baixa para satisfazer as necessidades alimentares, mesmo para ¼ da população de Kinshasa. LELO NZUZI (2018) fala da ausência total de política agrícola na RDC.

No entanto, a NEPAD (2013) considera que, embora o desenvolvimento da agricultura seja insuficiente para erradicar a fome e a desnutrição, é um elemento indispensável, essencial e prioritário. Em primeiro lugar, o aumento da produtividade agrícola e a melhoria da eficiência dos mercados alimentares podem reduzir os preços ao consumidor, melhorando assim o acesso aos alimentos por parte das populações mais pobres, sejam elas urbanas ou rurais. No entanto, MUSIBONO (2006) confirma que a agricultura deve ser a primeira prioridade no desenvolvimento de uma região. Na sua opinião, tudo começa com a agricultura.

No que diz respeito ao perfil dos retalhistas inquiridos, a maioria era casada e quase metade da nossa amostra (50%) tinha um passado humanitário. Como salienta MUSIBONO (2013), os revendedores de bens de primeira necessidade não são supervisionados pelo Estado através dos serviços nacionais de arranque, e muito menos por eles próprios através de uma associação. Por conseguinte, este sector coloca sérios problemas em termos de abastecimento alimentar. Segundo este autor, os mercados de venda de produtos de primeira necessidade não são seguros nem protegidos. BINZANGI (2013) fala de "anarquia nos mercados de Kinshasa".

Os perfis dos revendedores de produtos da Nova RDPI não estão regulamentados. Por conseguinte, os seus produtos não são palpáveis no terreno e/ou no mercado.

A maioria destes retalhistas (66%) afirma que os produtos do Novo DAIPN são de boa qualidade, sendo esta a sua principal motivação para continuar a vendê-los.

A maioria dos revendedores de produtos da Nova DAIPN provém do centro de Kinshasa. Pagam as suas próprias despesas para levar os produtos de N'sele até aos seus pontos de venda.

No entanto, concordamos com BINZANGI (2013) que a indústria deve chegar aos consumidores cobrindo os custos de transporte dos seus produtos. Segundo este investigador, a indústria deve ter pontos de venda espalhados pela cidade para garantir a boa distribuição e venda dos seus produtos. O MPURU (2014) fala de pontos de venda de produtos de primeira necessidade, oficialmente conhecidos pelos clientes e localizados em todos os bairros da cidade. No entanto, os produtos do Novo DAIPN são praticamente inexistentes, desconhecidos e sobretudo confundidos com outros nos mercados de Kinshasa.

No que respeita ao perfil dos consumidores dos produtos do Novo DAIPN. A maior parte dos inquiridos possui um nível de escolaridade médio ou humanitário e não existem licenciados.

BINZANGI (2013) fala da ignorância alimentar dos intelectuais congoleses. As pessoas que atingiram um nível elevado de educação ou de universidade não parecem conhecer ou compreender a importância do consumo de elementos orgânicos no seu corpo. Comem alimentos frescos (não orgânicos), sem se aperceberem de todas as consequências que isso pode ter no seu corpo a curto, médio e longo prazo.

A quase totalidade destes consumidores (93,3%) confirma que os produtos do Novo DAIPN são de muito boa qualidade e que os consomem regularmente.

Consideremos com MUSIBONO (2012) que quanto mais a população consome alimentos biológicos de boa qualidade, maior é a sua longevidade e mesmo a sua esperança de vida. A população congolesa em geral e a de Kinshasa em particular são escravas de alimentos frescos importados que são muito mal conservados. Por conseguinte, a população urbana congolesa, em particular, é muito frágil e vulnerável às várias ameaças de doenças e/ou epidemias, aumentando assim a taxa de mortalidade.

Os problemas alimentares em Kinshasa devem-se à cultura adoptada pela população de Kinshasa, que se diz citadina. A população de Kinshasa prefere consumir alimentos provenientes de locais desconhecidos, de qualidade e conservação duvidosas. Como já foi referido, este fenómeno expõe a população a várias ameaças.

## Conclusão

A erradicação da insegurança alimentar continua a ser o desejo primordial de qualquer Estado que pretenda assegurar o bem-estar da sua população. Mas a realização deste objetivo está a tornar-se cada vez mais complicada para a maioria dos países do mundo, especialmente para os países em desenvolvimento, incluindo a República Democrática do Congo.

A insegurança alimentar é um flagelo que afecta toda a República Democrática do Congo, e Kinshasa, em particular, foi igualmente atingida. No entanto, o país tem tudo o que é necessário para combater este flagelo, com uma abundância de espécies animais e vegetais úteis para o consumo, mas que continuam por explorar em quantidades suficientemente grandes para satisfazer a procura.

A luta contra a fome é uma das principais preocupações de muitos países no âmbito da luta contra a pobreza, sendo também, naturalmente, objeto de atenção por parte de várias organizações internacionais.

Para enfrentar mais eficazmente este obstáculo da insegurança alimentar, cabe portanto ao Estado assumir um compromisso firme na sua política, que deverá orientar a realização de todos os objectivos que serão acordados graças à estreita colaboração que deverá manter com os cientistas que definirão o rumo a seguir.

O sucesso na alimentação de uma nação é um passo importante para o desenvolvimento sustentável, uma vez que muitos aspectos importantes estão ligados ao seu sucesso. Por conseguinte, não há dúvida de que a maioria dos projectos tem dificuldade em ter êxito devido a certos aspectos que são omitidos desde o início, incluindo a pobreza extrema da maioria da população, que está cada vez mais enfraquecida pela falta de alimentos adequados para o seu desenvolvimento.

Apesar da produção local de alimentos em Kinshasa pelos pequenos criadores de gado, pelos horticultores, pelo Nouveau DAIPN, etc., a população continua a viver numa situação de insuficiência alimentar, tanto em relação às necessidades de cada um como em relação à disponibilidade, ao acesso, à utilização e à estabilidade de todos os produtos que produz. A vontade da população em consumir os seus produtos é cada vez maior, mas infelizmente a falta de organização na distribuição de todos os bens não permite satisfazer a procura dos consumidores, pelo que todos os estratos sociais enfrentam enormes desafios para beneficiar ou consumir regularmente alimentos considerados de boa qualidade e produzidos localmente.

Além disso, o Congo, o nosso belo país com todo o seu potencial, terá de corrigir a sua estratégia alimentar num futuro não muito distante, a fim de impulsionar o seu desenvolvimento e garantir um futuro melhor para as gerações vindouras. Esta estratégia ajudá-lo-á a posicionar-se bem para o desenvolvimento sustentável e a manter o bem-estar social de toda a sua população, cujas esperanças nesta nova vida estão vivas há décadas.

A manutenção da segurança alimentar exige, antes de mais, um programa político que apoie esta estratégia através do aumento da produtividade, tanto a nível local como nacional, em todo o país. Através desta política agrícola devem ser criadas novas estruturas, com o objetivo de criar novos empregos e contribuir para a disponibilidade de alimentos.

Inicialmente, o Novo DAIPN produziu uma grande variedade de produtos hortícolas e frutícolas, tornando-se um importante fornecedor de produtos alimentares para a cidade, mas alguns anos mais tarde a produtividade diminuiu e algumas culturas desapareceram devido à falta de recursos nesta grande propriedade.

É de salientar que, nesta fase, o Nouveau DAIPN não poderá, por si só, cobrir as necessidades alimentares de toda a cidade de Kinshasa, mas pode continuar a ser um dos principais fornecedores de alguns produtos alimentares essenciais, apesar da sua baixa produtividade em relação ao abastecimento de toda a cidade.

Neste trabalho, mostrámos a produtividade mensal de algumas culturas produzidas no Novo DAIPN e, apesar do esforço que este último faz para alimentar a população, são necessárias melhorias no rendimento para transformar toda a produção mensal presente em produção diária porque, até este nível, toda a produção permanece insignificante para satisfazer as necessidades de uma população estimada em 12 milhões de habitantes (o caso de Kinshasa).

Por último, a política de segurança alimentar continua a ser a única via segura para a República Democrática do Congo assegurar um desenvolvimento sustentável, mas para tal será necessário promover a produção local em grande escala.

Para além do seu grande potencial mineiro, o nosso país tem um enorme potencial nos sectores da agricultura, da pecuária, da pesca, do turismo, etc., que devem ser devidamente organizados se quisermos alcançar o ODM2.

# RECOMENDAÇÕES

As propostas do investigador são essenciais para a realização do seu estudo e, sobretudo, para o seu público-alvo, que só pode esperar por novas medidas que ajudem a melhorar o seu trabalho.

Enquanto domínio presidencial sob a direção do Estado, o novo DAIPN deve funcionar corretamente com o objetivo de melhorar a situação social tão deplorada pelo povo congolês em geral e pela população de Kinshasa em particular, com vista a estabelecer uma segurança alimentar sustentável.

O facto de a RDC ser classificada como um dos países com maior insegurança alimentar do mundo revela uma grave falta de consideração por este grande povo; só prova a desorganização no topo do sector agrícola do país, tanto mais que este é reconhecido como tendo um grande potencial nesta área para o continente e para o mundo. Esta mesma desorganização tem levado a que o Novo DAIPN se veja por vezes impossibilitado de assegurar a correta distribuição dos seus produtos por todos os cantos da cidade.

Para este trabalho, sugerimos o seguinte:

1. AO ESTADO :
   - Organizar o sector agrícola através da atribuição de um orçamento responsável;
   - Apoiar a produção local para reduzir ao mínimo as importações de géneros alimentícios;
   - Assegurar a manutenção de estradas agrícolas e/ou rurais para que os produtos de primeira necessidade possam ser rapidamente evacuados para as zonas urbanas com grande procura;
   - Reduzir ao mínimo certos impostos para que as vendas no mercado se efectuem tendo em conta o poder de compra da população já pobre;
   - Assegurar a qualidade, a higiene e a conservação dos produtos desde o

ponto de produção até ao ponto de venda;

- Incentivar a investigação científica no sector agrícola, especialmente por parte dos jovens, através de instituições técnicas agrícolas.

2. PARA O NOVO DIA :

- Aumentar a produção através da diversificação das culturas;
- Utilizar mão de obra qualificada e recursos técnicos aceitáveis;
- Manter-se a par das necessidades dos clientes;
- Garantir o mercado através da criação dos seus próprios pontos de venda;
- Aumentar o número de pontos de venda;
- Transportar os produtos do local de produção para os diferentes pontos de venda;
- Criar um serviço de marketing eficaz para aumentar a sensibilização para a importância do consumo de produtos biológicos;
- Fixar o custo dos produtos no mercado, tendo em conta o poder de compra da população;
- Identificar todos os revendedores de produtos New DAIPN;
- Criar parcerias com criadores de gado e agricultores de pequena escala;

3. AO PÚBLICO

- Coma alimentos orgânicos e locais;
- Evitar comer alimentos frescos;
- Assegurar uma boa higiene e conservação dos produtos alimentares;
- Confiança nos consumidores locais, etc.

# BIBLIOGRAFIA

ACF-IN (2008): Introduction à la sécurité alimentaire - principes d'intervention, ACF-IN, Paris.

ALLEN H. (1998): What world for tomorrow? ᵉCenários para o século XXI, traduzido do americano por Monique Berry, NOUVEAUX HORIZONS.

BINZANGI L. (2014) : " Réflexions sur l'évolution de l'environnement de Kinshasa : d'une portion biosphérique à une " cupidosphère ", In Cahiers Congolais de ¡'Aménagement et du Bâtiment (N°003), IBTP. Kinshasa, pp. 83-91.

BUGEME D., ULIMWENGU J. (2019): Climate-smart agriculture and food security in the Democratic Republic of Congo, Congo challenge journal, Volume 1 Issue 1, julho de 2019.

WCED (1987): O Nosso Futuro Comum: O Relatório Brundtland.

DUMBI C. et al (2016): Que futuro para os agregados familiares que praticam a horticultura de mercado? Conjonctures congolaises, Kinshasa.

FAO (1996): The State of Food and Agriculture - Macroeconomic Dimensions of Food Security, FAO, Roma, Itália.

FAO (2010): The State of Food Insecurity in the World combating food insecurity in protracted crises, FAO, Roma, Itália.

FAO, FIDA, WHO, WFP & UNICEF (2018): O estado da segurança alimentar e da nutrição no mundo reforçando a resiliência às alterações climáticas para a segurança alimentar e a nutrição. FAO, Roma, Itália.

FILIP D., Jean-Pierre J. (2006): La ville de Kinshasa, une architecture du verbe. Edições Esprit, Paris.

FISCRCR (2005): Como avaliar a segurança alimentar? Um Guia Prático para as Sociedades Nacionais Africanas. Genebra, Suíça.

GAUDREAULT V. (2011): Análise da agricultura urbana nos grandes centros urbanos da América do Norte. Ensaio apresentado no Centre Universitaire de Formation en Environnement de ¡'Université de Sherbrooke para o Mestrado em Ambiente (M. Env.).

GOOSSENS F. (1997): Aliments dans les villes - Rôle des SADA dans la sécurité alimentaire de Kinshasa. FAO, Roma, Itália.

HUART A., NKIDIATA O. (2004): La situation de l'élevage de volaille en RDC et à Kinshasa. Eco Congo, Kinshasa.

LELO F. (2011), Kinshasa-Planification et aménagement, ed. L'Harmattan, Paris.

MALELE S. (2003): Situation des ressources génétiques forestières de la RDC, documento de trabalho FGR/56, FAO, Roma, Itália.

MARC D. (1996): Les projets de développement agricole-Manuel d'expertise, éditions KARTHALA, Paris, França.

MARC D. (2004): Agriculture et paysanneries des Tiers mondes, éditions KARTHALA, Paris, França.

MPUPU (2012) citado em MPUPU et al (2019): Criação local de galinhas (Gallus gallus domesticus L.) na República Democrática do Congo: questões sobre segurança alimentar e alterações climáticas. Revue Africaine d'Environnement et d'Agriculture 2019; 2(1), 76-83

MUKOKA F. (2014): Discours et pratiques du développement au Congo: interrogation et ré interrogation politologique. Edições MES, Kinshasa.

MUSIBONO D. (2009), la RDC face aux enjeux de la géostratégie des ressources naturelles, ed. L'Harmattan, Paris.

MUSIBONO D., BIEY E., KISANGALA M., NSIMANDA C., MUNZUNDU B., KEKOLEMBA V., & PAULUS J. (2011): Urban agriculture as a response to unemployment in Kinshasa, Democratic Republic of Congo, [VertigO] The electronic journal in environmental sciences, Vertigo, Volume 11, Número 1, maio de 2011.

MUSIBONO D. (2012), Politiques toxiques et pollution de l'environnement mondial. Um suicídio coletivo, ed. ERGS-Kinshasa.

MUSIBONO D. (2015), Durabilité socio-environnementale de l'industrie extractive en Afrique : le paradoxe congolais, ed. ERGS-Kinshasa.

MUSIBONO D. (2016): Informations environnementales, curso para o primeiro Graduat des Sciences de l'environnement, Facultés de Sciences de l'Université de Kinshasa.

MUTEBA D., NKULU J. (2019): Crises alimentares e medidas de mitigação na República Democrática do Congo. Revisão de estratégias e promoção de boas práticas. MEDIAS PAUL, Kinshasa.

NDONGO M. (2017): Análise e implementação de uma educação mesológica eficiente como garantia de desenvolvimento sustentável na RDC.
O caso de várias escolas no distrito de LIVULU em Kinshasa. Tese final em Ciências do Ambiente na Universidade de Kinshasa.

NEPAD (2013): Agriculturas africanas, transformações e perspectivas, NEPAD, novembro de 2013.

NSHUE A. (2019): Regards sur l'économie congolaise de 2015 à 2018, revista Congo challenge, Volume 1 Edição 1, julho de 2019.

PAM (2014): DRC In-depth food security and vulnerability analysis. PAM, Roma, Itália.

RDC, MINISTERE DU PLAN ET SUIVI DE LA REVOLUTION DE LA MODERNITE (2016): Contextualisation et Priorisation des Objectifs de Développement Durable (ODD) en République Démocratique du Congo.

RIVERA F., RIVERA M. (1991): Planification agricole alimentaire en fonction des besoins nutritionnels de la population: surface nécessaire pour la production des aliments, KARTHALA-ACCT-AUPELF, Paris.

ROBERT J. (2011): Durables?, éditions Recherches, Paris.

TOUZARD, J.-M. & FOURNIER, S. (2014). A complexidade dos sistemas alimentares: um trunfo para a segurança alimentar? [VertigO] A revista eletrónica em ciências ambientais, Volume 14 Número 1 | maio 2014.

# APÊNDICES

Imagem 1: Recolha de ovos para consumo no Novo DAIPN

Imagem 2: Tomate produzido no Novo DAIPN

Imagem 3: Nova beringela DAIPN

Imagem 4: Novo tomate verde DAIPN

Imagem 5: Novo pepino DAIPN

Imagem 6: Nova pimenta DAIPN

Imagem 7: Algumas das principais culturas da região

QUESTIONNAIRE D'ENQUETE SUR LE TRAVAIL DE FIN D'ETUDE INTUTILE « CONTRIBUTION A L'ETUDE SUR LE MAINTIEN DE LA SECURITE ALIMENTAIRE EN RDC PAR LA STRATEGIE LOCALE. CAS DE NOUVEAU DAIPN A KINSHASA ».

Par l'étudiant NDONGO NDJONDJO Michel de deuxième licence en Sciences de l'Environnement /UNIKIN

I. PROFIL DE L'ENQUETE (CONSOMMATEURS)

1. Sexe : M ☐ F ☐
2. Tranche d'âge :
   - 20 – 30 ans ☐
   - 30 – 40 ans ☐
   - 40 – 50 ans ☐
   - 50 – plus ☐
3. Etat civil :
   - Célibataire ☐
   - Marié (e) ☐
   - Divorcé (e) ☐
   - Veuf (ve) ☐
4. Niveau d'instruction :
   - Néant ☐
   - Primaire ☐
   - Secondaire ☐
   - Diplômé ☐
   - Supérieur et universitaire ☐
   - Post universitaire ☐
5. Valeur des revenus mensuels :
   - 1 – 50 $ ☐
   - 51 – 100$ ☐
   - 101 – 200$ ☐
   - 201 – 300$ ☐
   - 301 – 400$ ☐
   - 401 – 500$ ☐
   - 500 à plus ☐

II. QUESTIONS

1) Depuis quelle année habitez-vous la cité DAIPN ?

R)………………………………………………………………

2) Connaissez – vous les produits issus de Nouveau DAIPN ?

Oui ☐ Non ☐

- Si Oui, sont-ils de quelle qualité ?

Bonne ☐ Assez bonne ☐ Mauvaise ☐

- Si Oui, sont-ils vendus à un coût acceptable ?

Oui ☐ Non ☐

3) Consommez-vous les produits de DAIPN ?

Oui ☐ Non ☐

Si Oui, quels produits consommez-vous régulièrement ?

R)..........................................................................................................................................

Et pourquoi.................................................................................................................................

Si Non, pourquoi ?.....................................................................................................................

Si Non, quelle est la source de provenance des produits que vous consommez ?

..................................................................................................................................................

4) Avez-vous des suggestions à faire à DAIPN ?

Oui ☐ Non ☐

Si Oui, lesquelles ?

..................................................................................................................................................

..................................................................................................................................................

..................................................................................................................................................

..................................................................................................................................................

..................................................................................................................................................

Merci

QUESTIONNAIRE D'ENQUETE SUR LE TRAVAIL DE FIN D'ETUDE INTUTILE « CONTRIBUTION A L'ETUDE SUR LE MAINTIEN DE LA SECURITE ALIMENTAIRE EN RDC PAR LA STRATEGIE LOCALE. CAS DE NOUVEAU DAIPN A KINSHASA ».

Par l'étudiant NDONGO NDJONDJO Michel de deuxième licence en Sciences de l'Environnement /UNIKIN

I. PROFIL DE L'ENQUETE (REVENDEURS)

6. Sexe : M ☐ F ☐
7. Tranche d'âge :
   - 20 – 30 ans ☐
   - 30 – 40 ans ☐
   - 40 – 50 ans ☐
   - 50 – plus ☐
8. Etat civil :
   - Célibataire ☐
   - Marié (e) ☐
   - Divorcé (e) ☐
   - Veuf (ve) ☐
9. Niveau d'instruction :
   - Néant ☐
   - Primaire ☐
   - Secondaire ☐
   - Diplômé ☐
   - Supérieur et universitaire ☐
   - Post universitaire ☐
10. Valeur des revenus mensuels :
    - 1 – 50 $ ☐
    - 51 – 100$ ☐
    - 101 – 200$ ☐
    - 201 – 300$ ☐
    - 301 – 400$ ☐
    - 401 – 500$ ☐
    - 500 à plus ☐

II. QUESTIONS

1) Depuis quelle période achetez-vous les produits DAIPN ?

De 1970 – 1990 ☐ 1991 - 2000 ☐ 2001 – 2010 ☐ 2011 – 2020 ☐

Autres, à préciser.......................................................................................................................

2) Quelles sont les motivations à vendre ces produits ?

a. Produits trop sollicités par les clients ☐ b. produits de bonne qualité ☐ c. faible coût à l'achat ☐ d. A préciser........................................................................................................

3. Habitez-vous proche d'un point de vente des produits DAIPN ?

Oui ☐ Non ☐

Si Non, habitez-vous quelle commune de Kinshasa ?.........................................................................

4. Avez-vous un point de vente connu pour vos produits à la cité ?

Oui ☐ Non ☐

Si Oui, où se trouve-t-il ?...............................................................................................................

Si Non, comment vendez- vous vos produits ?..................................................................................

5. Quels sont les produits les plus demandés par vos clients ?

R)..................................................................................................................................................

........................................................................................................................................................

Et pourquoi ?...................................................................................................................................

........................................................................................................................................................

6. Vos clients, connaissent-ils la provenance des produits qu'ils consomment ?

Oui ☐ Non ☐

7. Comment avez-vous connu DAIPN ?..............................................................................................

8. Avez-vous des suggestions à faire à DAIPN ?

Oui ☐ Non ☐

Si Oui, lesquelles ?

........................................................................................................................................................

........................................................................................................................................................

........................................................................................................................................................

........................................................................................................................................................

........................................................................................................................................................

........................................................................................................................................................

Merci

Printed by Books on Demand GmbH, Norderstedt / Germany